新手学电脑

（Windows 10+Office 2016版）

朱维 编著

电子工业出版社
Publishing House of Electronics Industry
北京·BEIJING

内容简介

本书主要介绍了电脑的基本操作以及使用电脑进行工作、娱乐的相关内容。全书共分为13章，分别介绍电脑的基础知识、Windows 10的基础知识、轻松学打字、管理电脑文件和文件夹、软件的安装与使用、Word 2016文档编辑、Excel 2016表格处理、畅游Internet、网络通信、网上论坛与博客、网上休闲与娱乐、享网络便捷生活、系统维护与电脑安全等知识。

本书内容丰富、结构清晰、语言简练、图文并茂，并配有大容量超值自学光盘，既适合电脑初学者阅读，又可作为大、中、专院校或企业的培训教材。

未经许可，不得以任何方式复制或抄袭本书之部分或全部内容。
版权所有，侵权必究。

图书在版编目（CIP）数据

新手学电脑：Windows 10+Office 2016版 / 朱维编著. — 北京：电子工业出版社，2017.4
（新电脑课堂）
ISBN 978-7-121-31166-6

Ⅰ.①新… Ⅱ.①朱… Ⅲ.①Windows操作系统②办公自动化–应用软件
Ⅳ.①TP316.7②TP317.1

中国版本图书馆CIP数据核字（2017）第060451号

策划编辑：牛　勇
责任编辑：徐津平
印　　刷：天津嘉恒印务有限公司
装　　订：天津嘉恒印务有限公司
出版发行：电子工业出版社
　　　　　北京市海淀区万寿路173信箱　　邮编：100036
开　　本：880×1230　　1/32　　印张：7.375　　字数：314千字
版　　次：2017年4月第1版
印　　次：2019年4月第6次印刷
定　　价：39.80元（含DVD光盘1张）

凡所购买电子工业出版社图书有缺损问题，请向购买书店调换。若书店售缺，请与本社发行部联系，联系及邮购电话：（010）88254888，88258888。
质量投诉请发邮件至zlts@phei.com.cn，盗版侵权举报请发邮件至dbqq@phei.com.cn。
本书咨询联系方式：010-51260888-819 faq@phei.com.cn。

Foreword 前言

这，是一个星光闪耀的**传奇**：

- 诞生于2002年1月，是一套"元老级"计算机基础类丛书，已上市10多个子系列、200多个图书品种，正版图书累计销量达数百万册……
- 面世以来屡获佳绩，并被无数电脑爱好者与初学者交口称赞与追捧。
- 图书品种覆盖电脑应用多个方面，适合零基础与初级水平读者学习。
- 曾获"全国优秀畅销书"等荣誉。
- 曾独创多种课程结构和学习方法，是图解式教学方法的先行者，内容精彩丰富的多媒体自学光盘也一直是亮点之一……

……

这，就是知名计算机基础类丛书品牌——新电脑课堂！今天，新版图书重装上阵，用**更优秀的品质和内容**、**更贴心的阅读体验**回馈多年来广大电脑爱好者的认可与厚爱！

欢迎走进"新电脑课堂"，您将体验到不一般的学习感受！这个课堂将指引您轻松走入广阔、精彩的电脑世界，畅享科技之趣！

想看书学电脑，图书怎么选？

- 一看图书内容的上手难易程度和包含的知识是否适合个人需求。
- 二看图书的学习结构是否符合学习习惯、阅读体验是否舒适。
- 三看书中的案例是否实用、精彩，最好能直接借鉴、使用。
- 四看配套光盘是否超值，例如，视频教程是否直观、生动、易于领会，是否赠送有价值的配套资源。

"新电脑课堂"丛书的特点

- **针对初学，从零起步**：一线教学专家精心编写，知识点选取完全依据初学者的主流需求、学习习惯和接受能力。
- **结构合理，逐步提高**：图书学习结构切合初学者的特点和习惯。通过多种内容栏目的精巧设置，引导读者循序渐进并逐步提高。
- **精选案例，学练结合**：以实用为宗旨，知识点融入应用案例中讲解；图解方式的案例讲解，图文并茂，条理清晰，轻轻松松理解重点和难点。

❖ **光盘超值，内容精彩：** 配套光盘包含数小时的精彩同步视频教程，还附带其他免费教学视频、电子书等超值赠品！

了解了"新电脑课堂"丛书的特点，相信正在为如何选书而发愁的您，心里已经有了明确的选择。

丛书新书

- ❖ 《新手学电脑（Windows 10+Office 2016版）》（全彩、超值DVD光盘）
- ❖ 《中老年人学电脑（Windows 10+Office 2016版）》（全彩、大字号、超值DVD光盘）
- ❖ 《五笔打字速成》（双色、超值DVD光盘）
- ❖ 《Excel 2016电子表格》（全彩、超值DVD光盘）
- ❖ 《Office 2016高效办公》（全彩、超值DVD光盘）
- ❖ 《PowerPoint 2016精美幻灯片制作》（全彩、超值DVD光盘）
- ❖ 《Photoshop CC图像处理》（全彩、超值DVD光盘）
- ❖ 《电脑组装与系统维护》（全彩、超值DVD光盘）

丛书作者

本套丛书的作者均是多年从事电脑应用教学和科研的专家或学者，有着丰富的教学经验和实践经验，这些作品都是他们多年科研成果和教学经验的结晶。本书主要由朱维编写，参与本书编写工作的还有：罗亮、孙晓南、谭有彬、贾婷婷、李彤、余婕、张应梅等。由于作者水平有限，书中疏漏和不足之处在所难免，恳请广大读者及专家不吝赐教。

配套服务

轻松注册成为博文视点社区用户（www.broadview.com.cn），您即可享受以下服务。

- ❖ **提交勘误：** 您对书中内容的修改意见可在【提交勘误】处提交，若被采纳，将获赠博文视点社区积分（在您购买电子书时，积分可用来抵扣相应金额）。
- ❖ **与作者交流：** 在页面下方【读者评论】处留下您的疑问或观点，与作者和其他读者一同学习交流。

页面入口：http://www.broadview.com.cn/31166

二维码：

目 录

第1章 电脑基础入门

1.1 认识电脑 /2
    1.1.1 电脑的基本组成部分 /2
    1.1.2 连接电脑组件 /3
    1.1.3 启动与关闭电脑 /4
1.2 学习使用鼠标 /6
    1.2.1 怎样握鼠标 /6
    1.2.2 鼠标的操作 /6
    1.2.3 鼠标指针的含义 /7

1.3 学习使用键盘 /7
    1.3.1 认识键盘的按键 /8
    1.3.2 操作键盘的正确姿势 /9
    1.3.3 键盘的手指分工 /10
    1.3.4 正确的击键方法 /11
1.4 课堂练习 /11
1.5 课后答疑 /12

第2章 轻松使用Windows 10

2.1 桌面基本操作 /14
    2.1.1 认识桌面图标 /14
    2.1.2 使用桌面图标 /14
    2.1.3 使用任务栏 /16
2.2 窗口的基本操作 /19
    2.2.1 更改窗口显示方式 /19
    2.2.2 移动窗口位置 /19
    2.2.3 缩放窗口 /20
    2.2.4 切换窗口 /20
    2.2.5 关闭窗口 /21
2.3 认识菜单与对话框 /21

    2.3.1 认识菜单 /21
    2.3.2 认识对话框 /23
2.4 系统基本设置 /25
    2.4.1 更改桌面背景 /25
    2.4.2 设置屏幕保护程序 /26
    2.4.3 设置显示器分辨率 /26
    2.4.4 设置系统时间和日期 /27
    2.4.5 设置账户密码 /28
2.5 课堂练习 /29
2.6 课后答疑 /29

第3章 轻松学打字

3.1 认识输入法 /32
    3.1.1 基本输入方法 /32
    3.1.2 查看和选择输入法 /32
    3.1.3 安装第三方输入法 /33

    3.1.4 添加和删除输入法 /34
3.2 学习拼音输入法 /36
    3.2.1 输入单个汉字 /36
    3.2.2 输入词组 /37

3.2.3 输入特殊字符 /37
3.2.4 输入网址 /38
3.3 学习五笔字型输入法 /38
   3.3.1 汉字的构成 /38
   3.3.2 字根的分布 /39
   3.3.3 输入一级简码 /41
3.3.4 输入字根汉字 /42
3.3.5 汉字的拆分 /43
3.3.6 输入合体字 /45
3.3.7 输入词组 /47
3.4 课堂练习 /49
3.5 课后答疑 /50

第4章 文件和文件夹管理

4.1 文件管理基础知识 /52
   4.1.1 浏览硬盘中的文件 /52
   4.1.2 改变文件的视图与排序方式 /52
   4.1.3 浏览U盘及移动硬盘 /53
4.2 文件与文件夹基本操作 /54
   4.2.1 新建文件夹 /54
   4.2.2 选定文件或文件夹 /54
   4.2.3 复制与移动文件 /55
   4.2.4 重命名文件或文件夹 /55
   4.2.5 删除文件或文件夹 /56
4.3 使用回收站 /56
   4.3.1 还原被删除的文件 /56
   4.3.2 清空回收站 /56
4.4 文件与文件夹设置 /57
   4.4.1 隐藏重要文件 /57
   4.4.2 显示文件扩展名 /58
   4.4.3 设置文件为只读属性 /58
4.5 课堂练习 /58
4.6 课后答疑 /59

第5章 软件的安装与使用

5.1 安装与卸载软件 /61
   5.1.1 电脑中需要安装哪些软件 /61
   5.1.2 如何安装软件 /61
   5.1.3 安装时注意事项 /62
   5.1.4 卸载应用软件 /63
5.2 使用WinRAR压缩文件 /64
   5.2.1 压缩文件 /64
   5.2.2 解压文件 /65
   5.2.3 分卷压缩大文件 /66
5.3 使用百度音乐听音乐 /66
5.3.1 播放本地音乐 /66
5.3.2 制作播放列表 /67
5.4 使用暴风影音看电影 /68
   5.4.1 播放本地视频 /68
   5.4.2 更改播放模式 /69
   5.4.3 在线播放电影 /70
   5.4.4 截取电影画面 /70
   5.4.5 设置截图保存路径 /70
5.5 课堂练习 /71
5.6 课后答疑 /72

第6章 Word 2016文档编辑

6.1 Word 2016基本操作 /74
   6.1.1 认识Word 2016的操作界面 /74
6.1.2 新建Word文档 /76
6.1.3 保存Word文档 /77
6.1.4 打开与关闭Word文档 /78

6.2 文档编辑 /80
　　6.2.1 输入文本 /80
　　6.2.2 复制与移动文本 /81
　　6.2.3 撤销与恢复文本 /83
　　6.2.4 查找与替换文本 /84
6.3 美化文档 /85
　　6.3.1 设置字符格式 /85
　　6.3.2 设置段落格式 /88
　　6.3.3 设置边框和底纹 /92
　　6.3.4 添加项目符号或编号 /93
　　6.3.5 编辑页眉和页脚 /95
6.4 插入图形图像 /96
　　6.4.1 插入联机图片 /96
　　6.4.2 插入图片 /97
　　6.4.3 插入与编辑艺术字 /97
　　6.4.4 绘制形状图形 /99
　　6.4.5 插入SmartArt图形 /100
　　6.4.6 设置图文混排 /101
6.5 插入表格 /102
　　6.5.1 创建表格 /102
　　6.5.2 调整表格结构 /103
　　6.5.3 复制与移动表格 /104
　　6.5.4 设置表格边框与底纹 /105
6.6 页面设置与打印 /106
　　6.6.1 页面设置 /106
　　6.6.2 打印文档 /106
6.7 课堂练习 /107
6.8 课后答疑 /108

第7章 Excel 2016表格处理

7.1 Excel 2016基本操作 /110
　　7.1.1 认识Excel 2016的操作界面 /110
　　7.1.2 创建工作簿 /112
　　7.1.3 保存工作簿 /113
　　7.1.4 打开工作簿 /114
　　7.1.5 关闭工作簿 /114
7.2 工作表的基本操作 /115
　　7.2.1 选择工作表 /115
　　7.2.2 重命名工作表 /115
　　7.2.3 移动与复制工作表 /115
　　7.2.4 冻结与拆分工作表 /117
7.3 数据的输入与编辑 /118
　　7.3.1 选择单元格 /118
　　7.3.2 输入数据 /120
　　7.3.3 修改数据 /121
　　7.3.4 为单元格添加批注 /122
7.4 编辑行、列和单元格 /123
　　7.4.1 插入行或列 /123
　　7.4.2 设置行高和列宽 /124
　　7.4.3 隐藏或显示行与列 /125
　　7.4.4 删除行、列和单元格 /125
　　7.4.5 合并与拆分单元格 /126
7.5 设置单元格格式 /126
　　7.5.1 设置文本格式 /126
　　7.5.2 设置数字格式 /127
　　7.5.3 设置对齐方式 /128
7.6 公式与函数应用 /128
　　7.6.1 输入公式 /128
　　7.6.2 复制公式 /129
　　7.6.3 单元格的引用 /130
　　7.6.4 输入一般函数 /131
　　7.6.5 输入嵌套函数 /132
7.7 课堂练习 /133
7.8 课后答疑 /134

第8章 畅游Internet

8.1 IE浏览器的基本使用 /136
    8.1.1 使用IE浏览器浏览网页 /136
    8.1.2 切换、停止与刷新网页 /137
    8.1.3 收藏与管理常用网页 /138
    8.1.4 保存网页信息 /139
    8.1.5 设置默认主页 /140
    8.1.6 查看历史记录 /141

8.2 搜索网络信息 /142
    8.2.1 使用关键词搜索网页信息 /142
    8.2.2 查询天气预报 /142
    8.2.3 搜索地图信息 /143
    8.2.4 搜索公交乘车线路 /144
    8.2.5 查询列车信息 /144
    8.2.6 查询飞机航班 /145
    8.2.7 查询快递物流信息 /146

8.3 下载网络资源 /147
    8.3.1 使用IE浏览器下载 /147
    8.3.2 使用迅雷下载 /148

8.4 课堂练习 /149

8.5 课后答疑 /149

第9章 便捷的网络通信

9.1 使用QQ聊天工具 /152
    9.1.1 申请QQ号码并登录 /152
    9.1.2 添加QQ好友 /153
    9.1.3 与好友进行文字聊天 /155
    9.1.4 向好友发送图片信息 /157
    9.1.5 用QQ给好友传文件 /158
    9.1.6 与好友进行语音或视频聊天 /159
    9.1.7 加入QQ群进行多人聊天 /160

9.2 收发电子邮件 /161
    9.2.1 申请免费电子邮箱 /161
    9.2.2 撰写和发送邮件 /163
    9.2.3 查看和回复新邮件 /163
    9.2.4 添加和下载附件 /164
    9.2.5 删除邮件 /166
    9.2.6 管理"回收站" /166

9.3 课堂练习 /168

9.4 课后答疑 /168

第10章 网上论坛与博客

10.1 天涯论坛 /171
    10.1.1 注册天涯论坛 /171
    10.1.2 浏览并回复帖子 /172
    10.1.3 发布新帖 /173

10.2 百度贴吧 /173
    10.2.1 申请百度账号 /173
    10.2.2 浏览并回帖 /175
    10.2.3 发布新帖 /175

10.3 网上写博客 /176
    10.3.1 注册博客用户 /176
    10.3.2 登录博客和访问他人博客 /178
    10.3.3 撰写博文 /180
    10.3.4 上传照片 /181
    10.3.5 更改博客模板风格 /182

10.4 使用微博 /183
    10.4.1 注册微博 /183
    10.4.2 发表微博 /185

10.4.3　搜索并添加关注对象 /185
　　10.4.4　评论和转载他人微博 /186
　10.5　课堂练习 /186
　10.6　课后答疑 /187

第11章 网上休闲与娱乐

11.1　玩转QQ游戏 /189
　　11.1.1　安装并登录QQ游戏 /189
　　11.1.2　与牌友"斗地主" /190
　　11.1.3　QQ麻将 /192
　　11.1.4　设置同桌玩家 /193
11.2　网上影音娱乐 /194
　　11.2.1　在线听音乐 /194
　　11.2.2　使用腾讯视频收看电视节目 /195
　　11.2.3　在线观看电影 /195
11.3　课堂练习 /196
11.4　课后答疑 /197

第12章 享网络便捷生活

12.1　使用网上银行 /199
　　12.1.1　安全登录网上银行 /199
　　12.1.2　查询账户明细 /201
　　12.1.3　网上转账 /201
　　12.1.4　为多人转账 /202
12.2　使用网上营业厅 /204
　　12.2.1　登录网上营业厅 /204
　　12.2.2　查询手机话费信息 /204
　　12.2.3　退订增值业务 /205
　　12.2.4　为手机充值 /206
　　12.2.5　网上办理上网套餐 /207
12.3　网上购物 /208
　　12.3.1　注册淘宝会员 /208
　　12.3.2　为支付宝充值 /210
　　12.3.3　搜索要购买的宝贝 /212
　　12.3.4　购买宝贝的具体方法 /212
12.4　课堂练习 /215
12.5　课后答疑 /215

第13章 系统维护与电脑安全

13.1　电脑日常维护 /218
　　13.1.1　查看系统资源的使用情况 /218
　　13.1.2　关闭未响应程序 /218
　　13.1.3　管理自启动程序 /219
13.2　使用金山毒霸查杀电脑病毒 /219
　　13.2.1　认识电脑病毒 /219
　　13.2.2　安装金山毒霸 /220
　　13.2.3　全面杀毒 /221
13.3　使用360安全卫士保护电脑 /222
　　13.3.1　下载与安装360安全卫士 /222
　　13.3.2　查杀流行木马 /223
　　13.3.3　清理恶意插件 /224

13.3.4　修复安全漏洞　/225
13.4　课堂练习　/225
13.5　课后答疑　/226

第1章
电脑基础入门

当今社会,电脑已经成为我们日常生活中的一部分,它是我们生活和工作的好帮手。也许你还不知道如何使用电脑,没关系,从本章开始我们将从电脑的基础操作开始,让你逐步掌握电脑的各种应用。

本章要点:

❖ 认识电脑
❖ 学习使用鼠标
❖ 学习使用键盘

2　新手学电脑（Windows 10+Office 2016版）

1.1　认识电脑

> **知识导读**
> 现如今，在家庭、办公室，以及许多公共场合都能随处见到电脑的身影。那么电脑究竟有哪些组成部分？电脑组件又是怎样相互连接的？下面我们就来认识电脑吧！

1.1.1　电脑的基本组成部分

电脑也叫计算机，它是我们工作和生活中必不可少的工具，因其功能强大而被广泛应用于家庭和各行业中。我们经常见到的电脑叫作台式电脑。一台家用台式电脑从外观上看，通常由主机、显示器、鼠标、键盘和音箱组成。

1. 主机

主机是电脑的核心部分，它是指一个装有主板、CPU、内存、显卡、硬盘、光驱和电源等电脑配件的机箱，是电脑内部硬件的总称。

主机箱是用来放置电脑各种内部硬件的箱子，它把所有内部硬件有序地放置在一起，不仅为这些部件的运行提供了一个安全稳定的工作环境，还方便了电脑的整体移动。在主机前面板上通常可以看到电源按钮、复位按钮、光驱、前置USB接口和音频接口等部件，而后面板则用于连接各种连线。

2. 显示器

显示器是电脑中最重要的输出设备之一，通过它可以直接了解电脑操作的各种状态和输出结果。例如，显示文字、图片，以及视频动画等。目前家用和办公用的显示器主要为LCD（液晶）显示器。

3. 键盘和鼠标

键盘和鼠标是电脑中最基础的两个输入设备。键盘由一组排列成阵列的按键组成，通过这些按键可以将操作指令和文字、符号等各种数据信息输入到电脑中。鼠标主要用于在屏幕上进行光标定位，通过简单地单/双击操作即可实现大部分操作，例如，选定、拖动、单击和双击等。

4. 音箱和耳机

音箱是用来将音频信号变换为声音的一种外部设备。通过音箱主箱体或低音炮箱体内自带的功率放大器将音频信号进行放大处理，并通过音箱中的喇叭进行回放。在公共场所使用电脑时，由于环境比较嘈杂，喜欢玩游戏、听音乐的用户通过耳机，即可轻松享受喜爱的音乐。

5. 打印机

打印机属于日常使用频率较高的输出设备，用于将电脑中保存的文档、图片等数据打印到纸质或其他介质上。常见的打印机可以分为针式打印机、喷墨打印机和激光打印机三大类。

1.1.2 连接电脑组件

如果用户购买的是台式电脑，购买时安装人员会将主机组装好，买回家后我们需自己动手将显示器、键盘、鼠标等设备与主机连接，然后才能开机使用。

1. 连接显示器

显示器的连接主要包括电源线和信号线的连接，目前液晶显示器大多采用HDMI和DP接口。下面以HDMI接口为例介绍显示器的连接方法。

01 连接电源线
① 找到显示器电源线，在显示器背部找到电源接口。
② 将配套的电源线连接到该接口。

02 连接信号线
在显示器背部找到HDMI接口，将配套的HDMI信号线连接到该接口。

03 将信号线与显卡连接
将HDMI信号线的另一端连接到机箱背部显卡的HDMI接口上。

2. 连接鼠标和键盘

键盘和鼠标是电脑中使用最多的外部设备，目前市场上的主流键盘和鼠标采用的接口包括PS/2接口和USB接口两种。下面以连接USB接口的键盘和鼠标为例介绍连接方法。

01 连接键盘
准备好键盘和鼠标，将键盘的USB接头插入机箱背面的任意一个USB接口中。

02 连接鼠标
将鼠标的USB接头插入机箱背面的任意一个USB接口中。

3. 连接主机电源

连接好电脑的各种外部设备后，我们还需要连接主机电源线，确认连接无误后方能进行开机操作。将电源线按正确的方向连接到主机电源的输入端，另一端与电源插座相连即可。

1.1.3 启动与关闭电脑

正确的启动和关闭电脑是电脑初学者必须学会的第一件事。学会了电脑的启动和关闭，也就学会了电脑的第一个操作。下面我们就来学习如何启动和关闭电脑。

1. 启动电脑

要使用电脑必须先开启电脑，即平常所说的"开机"。打开电脑要按照一定的顺序来操作。

启动电脑之前，先检查显示器和主机的电源插头是否接好，电源插板是否通电，然后按下显示器的电源开关打开显示器，接着按下主机前面板上的电源按钮，此时主机面板上的指示灯会变亮，这样电脑就开始启动了。

电脑开始自动运行，屏幕上将显示一系列信息并依次切换多个画面，成功启动电脑后将进入操作系统桌面，这时就可以开始进行电脑操作了。

2. 关闭电脑

使用完电脑后应当关闭电脑。关闭电脑与启动电脑的顺序相反,应先关闭主机,再关闭显示器。关闭主机不能直接断开电源,而需要通过鼠标执行关机程序。在Windows 10操作系统中关闭电脑的方法如下。

在任意界面下,将鼠标指针移动到屏幕的左下方,单击"开始"■按钮,在弹出的"开始"菜单中单击"电源"选项,在弹出的扩展菜单中选择"关机"命令。执行以上操作后,电脑将停止所有程序并退出操作系统。稍等片刻,系统将自动断开主机电源。主机关闭以后,再关闭显示器及其他外设电源,关闭电脑的操作就完成了。

此外,在特殊情况下,我们还可以通过下面几种方式关闭电脑。

- ❖ 使用"Windows+I"组合键直接打开设置界面,然后单击"电源"按钮,即可看到睡眠、关机和重启选项,选择合适的关机方式即可。
- ❖ 按下"Ctrl+Alt+Del"组合键,然后单击"关机"按钮即可关闭电脑。
- ❖ 按下"Alt+F4"组合键,弹出"关闭 Windows"对话框,在下拉列表框中选择"关机"选项,然后单击"确定"按钮即可。

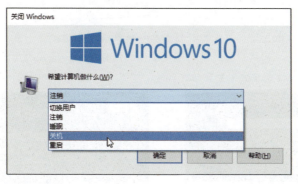

1.2 学习使用鼠标

> **知识导读**
>
> 鼠标是最常用的输入设备之一。电脑最基本的操作都是从鼠标的使用开始,因此在学习电脑操作之前必须先熟悉它的具体使用方法。

1.2.1 怎样握鼠标

鼠标上一般有3个按键,分别是左键、右键和滑轮(中键),它们分别有不同的功能。在操作鼠标时,要采用正确的握姿。通常鼠标是放在显示器的右侧,操作者用右手握鼠标。握鼠标正确的方法如下。

- ❖ 将鼠标平放到鼠标垫上,手掌心轻贴鼠标后部,拇指横向放在鼠标左侧,无名指和小指轻抓鼠标右侧。
- ❖ 食指和中指自然弯曲,分别轻放在鼠标左键和右键上。
- ❖ 手腕自然放于桌面上,移动鼠标时只需手腕运动,无须整个手臂移动。

1.2.2 鼠标的操作

启动电脑并进入操作系统后,会发现电脑桌面上有一个小箭头" ",当握住鼠标移动时,小箭头" "也会随之移动,这就是鼠标指针。

对鼠标的使用就是对屏幕上指针的控制,从而实现选择各种对象或者执行各种命令的操作。鼠标的基本操作包括指向、单击、双击、右击和拖动等。

- ❖ 指向:指向是指在不按任何鼠标按键的情况下,移动鼠标指针到某个对象,如图标、文件或按钮等,当鼠标指针在某个对象上停留1~2秒后,通常可以看到相应的提示信息。
- ❖ 单击:单击是指将鼠标指针指向某个对象后,食指按一下鼠标左键,然后立即松开。"单击"是使用频率最高的鼠标操作,通常用于选中对象、点击命令按钮或在文本中定位光标等。

- ❖ 双击:双击是指将鼠标指针指向某个对象后,连续按鼠标左键两次之后立即松开,且速度要快、动作要连贯,否则将被视为两次单击。"双击"通

常用于启动某个程序、执行任务，以及打开某个窗口、文件或文件夹等。例如，双击操作系统桌面上的"计算机"图标，即可打开"计算机"窗口。
* 右击：右击就是单击鼠标右键，简称右击。该操作是指将鼠标指针指向目标位置后，中指稍微用力按下鼠标右键，并立即释放。单击鼠标右键后，通常会弹出相应的快捷菜单。
* 拖动：拖动是指选中某个对象后，按下鼠标左键不放，移动鼠标指针到指定位置后松开鼠标左键，此时该对象将移动到该位置。拖动操作常用于移动某个对象的位置。此外，拖动鼠标指针还可用于框选多个对象，即按住鼠标左键不放并拖动，此时会形成一个以鼠标指针移动起点和终点为对角线的方框，松开鼠标左键后，方框内的对象将被全部选中。

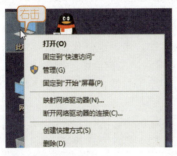

1.2.3 鼠标指针的含义

鼠标指针除了默认的箭头形状外，在不同情况下还会变为其他形状。不同形状的鼠标指针代表电脑当前的运行状态或用户可执行的操作。下面分别对这些鼠标指针形状所代表的含义进行介绍。
* ▷：正常操作，鼠标指针进行选择的基本形状。
* ▷：后台运行，系统正在执行某操作，要求用户等待。
* ○：系统忙，要求用户等待。
* ♡：可进行链接跳转。
* ⊘：不可用，当前操作非法。
* I：文本选择或插入光标。
* ✥：这种指针在移动窗口时出现，使用它可以移动整个窗口。

1.3 学习使用键盘

> **知识导读**
> 在操作电脑的过程中，键盘也是经常使用的输入设备之一，它是用户与电脑交流的主要工具，主要用来输入文本和数据信息。下面就来学习键盘的使用方法。

1.3.1 认识键盘的按键

键盘上有许多按键，按照各按键的功能和排列位置，可将键盘划分为主键盘区、编辑控制键区、数字小键盘区、功能键区和状态指示灯区共5个部分。

1. 主键盘区

主键盘区也称打字键区，是键盘的基本区域，也是使用最频繁的一个区域，主要用于文字、符号及数据等内容的输入。主键盘区是键盘中键位最多的一个区域，由字母键"A"～"Z"、数字与符号键，以及一些特殊控制键组成。

控制键主要指上挡键"Shift"、"Ctrl"键和"Alt"键、开始菜单"Win"键，它们各有两个，分别在主键盘区的左右两端。此外还有空格键、快捷菜单键和"Enter"键（回车键）等。

- ❖ "Shift"键：称为"上挡键"，主要用于键盘上双字符键之间的切换。
- ❖ "Alt"键和"Ctrl"键：称为"控制键"，通常与其他键组合使用，实现不同的功能。
- ❖ "Enter"键：称为"回车键"，其主要作用是在输入文字时进行换行或执行操作。
- ❖ "Backspace"键：称为"退格键"，主要是向左移动，删除光标前的一个字符。
- ❖ "Win"键：该键面有Windows窗口图案，在Windows操作系统中，按下该快捷键后将打开"开始"菜单。

第1章 电脑基础入门

- ❖ 快捷菜单键：该键位于键盘的最下面，键面有图案"▤"，按下该键将弹出相应的快捷菜单，功能与单击鼠标右键一样。
- ❖ 空格键：空格键是键盘上面最长的一个键，键面无任何标识。按下空格键将输入一个空格，同时光标右移一个字符。

2. 编辑控制键区

编辑控制键区位于主键盘区右侧，集合了所有对光标进行操作的键位及一些页面操作功能键，用于在进行文字处理时控制光标的位置。

3. 数字小键盘键区

数字小键盘区位于光标控制键区的右边，共17个键位，主要包括数字键和运算符号键等。

数字小键盘区左上角有一个"Num Lock"键，通过该键可以关闭或开启数字键盘区。在关闭数字键盘区时，键盘右上方的Num指示灯熄灭，此时数字键盘区内"2"、"4"、"6"、"8"这4个键的功能与光标移动键功能相同。

4. 状态指示灯区

状态指示灯区位于功能键区的右侧，共有"Num Lock"、"Caps Lock"和"Scroll Lock"3个指示灯，主要用于提示键盘的工作状态。

- ❖ "Num Lock"指示灯：由数字小键盘区的"Num Lock"键控制，该灯亮时，表示数字小键盘键区处于数字输入状态。
- ❖ "Caps Lock"指示灯：由主键盘键区的"Caps Lock"键控制，该灯亮时，表示字母键处于大写状态。
- ❖ "Scroll Lock"指示灯：由编辑控制键区的"Scroll Lock"键控制，该灯亮时，表示屏幕被锁定。

1.3.2 操作键盘的正确姿势

操作键盘的方法虽然简单，但应遵循一定的操作规则。在操作键盘时应注意正确的姿势，如果姿势不当，容易造成视力、身体疲劳，还会影响击键的速度和正确率。操作键盘时应注意以下几点。

- 人体正对键盘，腰背挺直，双脚自然落地，身体距离键盘20厘米左右。
- 两臂放松自然下垂，两肘轻贴于体侧，手腕平直并与键盘下边缘保持1厘米左右的距离
- 椅子高度适当，眼睛稍向下俯视显示器，应在水平视线以下15°～20°左右，尽量使用标准的电脑桌椅。
- 将键盘空格键对准身体正中，手指弯曲放到主键盘区上。
- 录入文字时，文稿应置于电脑桌的左边，以便观看。

1.3.3 键盘的手指分工

手指分工是指将主键盘区的各个按键合理分配给十个手指，掌握正确的指法是提高信息录入速度的关键。操作键盘时，每个手指都有具体的分工，初学者一定要严格按照正确的键盘指法进行数据输入，否则一旦养成错误的击键习惯就很难纠正。

击键前，先将小指、无名指、中指和食指分别放在对应的基本键位上。所谓基本键位，即"F"、"D"、"S"、"A"和"J"、"K"、"L"、";"这8个键。其中左手的食指、中指、无名指和小指分别放在"F"、"D"、"S"和"A"键上，右手的食指、中指、无名指和小指分别放在"J"、"K"、"L"、";"键上。

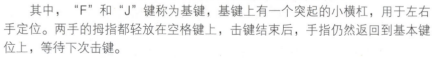

其中，"F"和"J"键称为基键，基键上有一个突起的小横杠，用于左右手定位。两手的拇指都轻放在空格键上，击键结束后，手指仍然返回到基本键位上，等待下次击键。

除了已经分配的8个基本键位外，主键盘区中的其他按键均按照各个手指的自然移动进行合理地分配。例如，放置于"A"键上的左手小指往上移动，即可敲击"Q"键，往下移动，即可敲击"Z"键；同理，放置于"D"键上的左手中指往上移动，即可敲击"E"键，往下移动，即可敲击"C"键。

1.3.4 正确的击键方法

正确的击键方法有助于提高打字速度。尤其是初学者，更应该练习"盲打"（即不看键盘）。要实现"盲打"，首先要求操作者要熟悉键盘键位，如果不熟悉每个键的位置，眼睛看着键盘击键，击键速度自然较慢。手指击键时，还应遵循如下规则。

- 击键时，手指略向内弯曲，以指头快速地在键上敲击，注意一定不要以指尖击键，然后在瞬间发力，并立即反弹。要体会是"敲"而不是用力"按"。
- 手指和手腕要灵活，不要靠手臂的运动来找到键位。敲键盘时，只有击键手指做动作，其他手指放在基准键位不动。
- 击键的速度要均匀，用力要轻，有节奏感，不可用力过猛，不可按键过重。
- 击键完毕后手指迅速回到基准键位上，准备下一次击键。

1.4 课堂练习

练习一：连接电脑的主要设备

▶ **任务描述：**

本节将练习键盘、鼠标及显示器信号线的连接方法。

▶ **操作思路：**

01 在主机箱背后依次将键盘、鼠标及显示器的信号线拔下，注意拔显示器信号线前应先将螺口拧松。

02 按正确的方法将键盘、鼠标连接到主机上。

03 将显示器信号线连接到主机背后的显卡接口上，然后拧紧螺钉。

练习二：练习鼠标的操作

▶ **任务描述：**

　　初学者在使用鼠标时，往往会觉得鼠标"不听使唤"。本节将练习鼠标的拖动、单击、右击、双击等操作，从而让读者熟悉掌握鼠标的使用。

▶ **操作思路：**

01 启动电脑后通过单击操作选择桌面图标。
02 通过拖动鼠标指针移动桌面图标。
03 通过单击、双击、右键单击程序或文件图标，打开或运行对象。

1.5 课后答疑

　　问：应该怎样选购电脑呢？

　　答：电脑市场上的电脑产品琳琅满目，总体来说可分为品牌机和兼容机两类。其中品牌机是以一个整体品牌出售的电脑，所有电脑组件由厂家选定和搭配，形成不同价位的机型。我们平常听到的联想电脑、戴尔电脑等就属于品牌机。兼容机是用户根据个人爱好和装机经验来选择配件、板卡组装而成的电脑，用户可以自由搭配电脑的各个配件。与兼容机相比，品牌机性能更稳定，售后服务更完善，但价格可能稍高。兼容机比品牌机更实惠，但购买兼容机需要用户有比较丰富的电脑知识。

　　问：无法正常关机怎么办？

　　答：通过关机命令关机是正常关机，但遇到电脑死机或无法正常关机的情况时，不仅程序无响应，鼠标指针也不能移动了，此时就不得不进行强行关机操作了。强行关机的操作方法如下：按住主机的电源按钮持续几秒钟后，主机便会强行断开电源，关闭电脑。

　　问：在主键盘区中，数字键和符号键的每个按键键面上都有上下两个字符，该如何输入这些字符呢？

　　答：在数字与符号键的键面上，上面的符号称为上挡字符，下面的符号称为下挡字符，主要包括数字、标点符号、运算符号和其他符号。如果直接按下数字与符号键，会输入相应键的下挡字符，即对应的数字或符号；如果按住"Shift"键的同时再按下数字与符号键，会输入上挡字符。

第 2 章

轻松使用Windows 10

操作系统是电脑中最基本的软件,所有应用程序的使用都必须在操作系统的支持下才能进行。本章将介绍Windows 10的基本使用方法,从而让用户掌握电脑的一些基本操作,为以后的电脑应用打下基础。

本章要点:
- ❖ 桌面基本操作
- ❖ 窗口的基本操作
- ❖ 认识菜单与对话框
- ❖ 系统基本设置

2.1 桌面基本操作

> **知识导读**
> 微软公司推出的Windows系列操作系统是目前最流行的个人桌面操作系统之一，广泛应用于家庭和办公环境。Windows系列操作系统的功能强大，图形化界面友好，操作方便，而且对软硬件的兼容性也十分出色。本章将以Windows 10版本为例，介绍操作系统的入门知识。

2.1.1 认识桌面图标

Windows 10是微软2015年推出的客户端版本操作系统，它在以往操作系统的基础上做了较大调整和更新。在Windows 10操作系统中，桌面是由桌面背景、桌面图标和任务栏组成的。

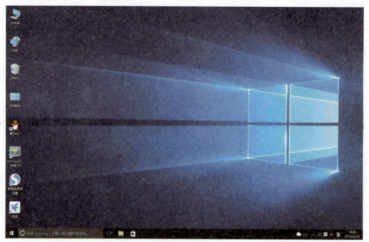

2.1.2 使用桌面图标

进入操作系统后，在桌面上看到的图标即为桌面图标，每个图标都由图标图案和图标名称两部分组成，图标图案是相应程序或文件的形象化标识，图标名称是所代表对象的文字说明。下面我们来学习如何使用桌面图标。

1. 添加桌面图标

系统的桌面图标包括计算机、网络、控制面板、回收站等。当用户不小心将系统桌面图标删除时，可能会对计算机的操作造成影响。此时，我们可以使用以下的方法添加桌面图标。

01 执行"个性化"命令

① 在桌面空白处单击鼠标右键。
② 在弹出的快捷菜单中单击"个性化"命令。

02 单击"桌面图标设置"链接

① 在弹出的"个性化"窗口中单击"主题"选项卡。
② 单击右侧的"桌面图标设置"链接。

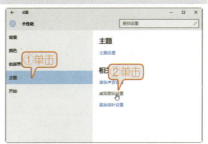

03 选择桌面图标

① 弹出"桌面图标设置"对话框,在"桌面图标"栏中勾选需要显示的系统图标前的复选框。
② 单击"确定"按钮即可。

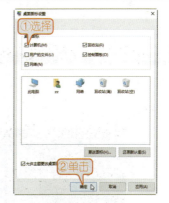

2. 改变图标大小

Windows 10操作系统提供了3种桌面图标显示方式,分别是"大图标"、"中等图标"和"小图标",其中默认以"中等图标"方式显示。

如果默认的图标显示方式无法满足我们的视觉和操作习惯,可以通过下面的方法进行更改。

01 选择图标显示方式

① 在桌面空白处单击鼠标右键,在弹出的快捷菜单中选择"查看"命令,系统会自动展开其子菜单。
② 将鼠标移动到子菜单上,单击需要的图标显示方式命令。

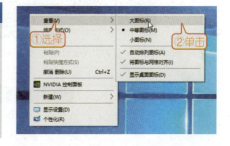

02 改变图标大小后的效果

桌面上的图标即可显示为所选择的图标样式,选择的显示方式不同,图标的显示效果也不同。如右图分别为大图标、中等图标和小图标的显示效果。

2.1.3 使用任务栏

在Windows 10操作系统中,任务栏是个十分重要的组件,通过它可以启动应用程序、切换当前打开的窗口、切换输入法及查看系统时间等。默认情况下,任务栏位于系统桌面底端,从左到右依次为"开始"按钮、"搜索Web和Windows"搜索框、快速启动栏、程序按钮区、通知区域及"显示桌面"按钮。

❖ "开始"按钮:"开始"按钮位于任务栏最左端,单击该按钮可以打开"开始"菜单。"开始"菜单中包含了Windows 10大部分的程序和功能,几乎所有工作都可以通过"开始"菜单进行。

❖ "搜索Web和Windows"搜索框:搜索框位于"开始"按钮的右侧,在搜索框中输入内容,即可搜索相关的文件、文件夹、应用程序等。

❖ 快速启动栏:快速启动栏位于搜索框的右侧,用于显示常用桌面功能和程序图标,单击某程序图标,可快速启动对应的程序。例如,要打开应用商店,可以单击快速启动栏中的按钮█来打开该程序。快速启动栏中的图标可以手动进行删除或添加。例如,要将腾讯QQ图标添加到快速启动栏,可以使用鼠标将QQ图标拖动到指定位置,待系统显示"固定到任务栏"提示时放开鼠标即可。

- 程序按钮区:在Windows 10操作系统中,所有运行的程序或打开的窗口都将在任务栏中以按钮的形式显示,通过单击不同的按钮可在不同的窗口间进行切换,若反复单击同一窗口按钮,可在显示和最小化窗口之间切换。在程序按钮区,将鼠标指向任务栏中的程序按钮,可以预览程序窗口的外观;将鼠标指向窗口缩略图外观,可以预览该窗口原始大小外观,并且桌面上其他打开的窗口将以透明状态显示;单击窗口缩略图可以切换到该窗口。
- 通知区域:通知区域位于任务栏右侧,主要包括系统时间、系统音量图标、网络图标、语言栏和当前系统后台运行的部分程序图标(如杀毒软件、QQ等)。通过鼠标单击、双击或右击通知区域图标等不同的操作,可以对该项目进行管理或设置。随着运行程序增多,通知区域中的图标数量也会增多,系统会自动隐藏部分图标以节约空间,单击通知区域中的"显示隐藏的图标"按钮,可以查看和使用被隐藏的图标。

- "显示桌面"按钮:任务栏最右端有一个"显示桌面"按钮█,单击该按钮可以快速将打开的所有窗口最小化,以便返回桌面进行操作。

2.更改任务栏按钮显示

在Windows 10操作系统中,默认情况下使用一个程序打开多个文件时,任务栏中只显示了一个程序按钮。例如打开了多个Word文档,但任务栏中只显示一个Word程序按钮。

若要更改这种默认的任务栏按钮显示方式,可打开"任务栏和'开始'菜单属性"对话框,单击"任务栏"按钮下拉列表框,在弹出的下拉列表中选择需要的显示方式,然后单击"确定"按钮即可。

3.调整任务栏大小和位置

如果觉得任务栏的面积不够用,我们可以通过拖动的方式将任务栏的面积增大。方法为:在任务栏的空白处单击鼠标右键,在弹出的快捷菜单中取消勾选"锁定任务栏"命令,然后将鼠标指针移动到任务栏的上边沿。当箭头变为双向箭头时,按住鼠标左键不放,向上或向下移动鼠标指针,此时任务栏会随之变大或缩小,当移动到满意的位置后放开鼠标左键即可。

此外,如果觉得任务栏中的图标过大,可以通过下面的方法让任务栏中的图标变小,从而让任务栏随之缩小。

01 单击"属性"命令	02 勾选复选框
① 在任务栏的空白处单击鼠标右键。 ② 在弹出的快捷菜单中单击"属性"命令。	① 在弹出的"任务栏和'开始'菜单属性"对话框中勾选"使用小任务栏按钮"复选框。 ② 单击"确定"按钮即可。

在Windows 10操作系统中，任务栏默认位于屏幕下方，其位置并不是固定不变的，用户可以根据自己的喜好随意地将任务栏调整到屏幕四边的任意位置上。方法为：打开"任务栏和'开始'菜单属性"对话框，单击"任务栏在屏幕上的位置"下拉列表框，在弹出的下拉列表中选择需要的位置选项，然后单击"确定"按钮即可。

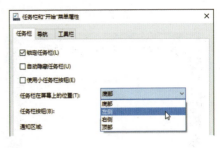

技 巧

将任务栏的锁定状态解除后，将鼠标指针移动到"任务栏"空白处，按住鼠标左键不放，拖动任务栏到屏幕的任意一个边上再放开鼠标左键，也可成功移动任务栏的位置。

2.2 窗口的基本操作

知识导读

窗口是Windows操作系统的"灵魂"，在操作系统中，每个文件夹和应用程序都是以窗口的形式打开的。因此电脑初学者必须掌握窗口的基本操作。

2.2.1 更改窗口显示方式

窗口通常有3种显示方式，分别是全屏显示、占据屏幕的一部分显示，或将窗口隐藏。改变窗口的显示方式需要涉及3个操作，即最大化、还原和最小化窗口，下面将分别进行讲解。

- ❖ 最大化：如果窗口较小不便操作时，可以将窗口最大化到整个屏幕，方法是单击窗口右上角的"最大化"按钮 □ 即可。
- ❖ 还原：最大化窗口后，"最大化"按钮将变为"向下还原"按钮 ❐，单击该按钮，窗口将返回最大化前的大小。
- ❖ 最小化：最小化窗口可以使窗口暂时不在屏幕上显示，方法是单击窗口右上角的"最小化"按钮 ━ 即可。最小化窗口后，窗口并未关闭，只要单击任务栏上相应的任务按钮，即可恢复窗口的显示。

2.2.2 移动窗口位置

移动窗口就是改变窗口在桌面上的位置。

移动窗口的方法很简单，只需将鼠标指针指向窗口顶部的空白区域，然后按下鼠标左键并拖动鼠标指针，此时窗口会跟随鼠标指针一起移动，移动到需要的位置后释放鼠标左键即可。

 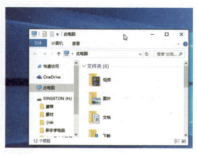

2.2.3 缩放窗口

如果需要改变窗口的大小,可以对窗口进行缩放操作。将鼠标指针移动到窗口的边框或边角上,当鼠标指针变成双向箭头时,按下鼠标左键并拖动边框到合适的大小即可。

2.2.4 切换窗口

如果打开了多个窗口,要在某个窗口中进行程序操作或文件编辑时,需要先选择该窗口为当前窗口。当前窗口会在最前端显示,并且窗口色泽比其他窗口要鲜明。切换窗口的基本方式有以下两种方式。

④ 在桌面上用鼠标左键单击该窗口任意部位,切换到该窗口。
④ 按下键盘上的"Ctrl+Tab"组合键,可切换窗口。

单击任务栏上的按钮可以打开对应的窗口,但如果用户打开的窗口过多,系统会自动将所有窗口在任务栏进行分组排列,此时只需单击任务栏中的窗口组按钮,在弹出的窗口列表中单击要切换的窗口即可。

2.2.5 关闭窗口

要关闭窗口,只需单击窗口右上角的"关闭"按钮即可。此外,还可以通过任务栏来关闭窗口,方法为:使用鼠标右键单击任务栏的窗口按钮,在弹出的快捷菜单中单击"关闭"命令即可。

2.3 认识菜单与对话框

> **知识导读**
> 同窗口一样,菜单和对话框也是Windows操作系统的重要组件之一,通过菜单可以执行需要的命令,而通过对话框可以完成不同的设置,下面就来认识什么是菜单和对话框。

2.3.1 认识菜单

菜单是组织和执行程序命令的控件,就像餐馆的菜单一样以列表的形式将程序命令罗列出来。菜单是由若干命令和子菜单组成的选项组,用户通过选择命令进行相应操作。菜单可分为快捷菜单和窗口菜单两种。

1. 快捷菜单

快捷菜单是指用鼠标右键单击某个特定的目标或对象时,在单击的位置弹出的针对该对象的功能菜单。快捷菜单中包含了与被单击对象有关的各种操作命令，快捷菜单的内容根据操作对象的不同而各不相同。

下面是一些常见的快捷菜单。

打开快捷菜单后，向下移动鼠标指针，将鼠标指针移动到需要执行的命令上，单击该命令即可实现相应的功能。

菜单上某些命令后面有向右的小箭头 >，表示单击该命令会弹出子菜单。子菜单的操作方法同主菜单一样，将鼠标平移到子菜单上即可进行需要的操作。

> **技 巧**
> 在Word环境下，按下"Ctrl+N"组合键可快速创建新空白文档。

2. 窗口菜单

窗口菜单是许多程序窗口的重要组成部分，它是指窗口中操作命令的分类组合。一个程序中通常有几十个甚至几百个操作命令，这些命令不可能都显示在程序界面中，于是便以菜单的形式分类放置。单击某个菜单项，便可打开相应的菜单。

下面是一些常用程序中的窗口菜单。

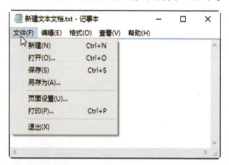 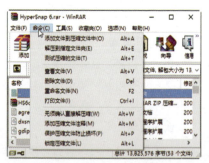

打开窗口菜单后，接下来的操作同使用快捷菜单相同，只需向下移动鼠标指针，然后单击需要的命令即可。

> **提 示**
> 菜单中可能会有一些命令名称是灰色的，表示该命令目前不能使用。若命令后带有 "…" 标记，表示选择它会打开一个对话框。

2.3.2 认识对话框

对话框是用户更改程序设置或提交信息的特殊窗口，与普通窗口不同的是，通常对话框大小固定，不能进行缩放和最大化等操作。下面是一些常见的对话框。

对话框通常包含了许多不同的元素，如选项卡、按钮、单选按钮、复选框等。对话框就是通过这些元素来提交用户的设置，下面分别对其进行介绍。

- ❖ 选项卡：选项卡将一些复杂的对话框分为多页，单击不同的选项卡可以显示对话框的不同页面。
- ❖ 单选按钮：单选按钮由两个以上的选项组成，用户只能选择其中一项，选中某个单选按钮即表示选择该项。

- ❖ 复选框：复选框由一个以上的选项组成，每一个选项单独存在，用户可勾选或取消勾选其中的任意一项，可多选也可全部不选。勾选某个复选框表

示选中该项。

❖ **数值框**：数值框为某项设置提供参数，用户可以单击数值框右方的上下箭头改变框中的数值，也可以将光标定位到框中，然后在框中输入数值。

❖ **滑块**：标有数值、刻度的可拖动的方块。用鼠标指针拖动滑块可调节该项参数的大小、等级、数值等。

❖ **文本框**：用来输入文本。在文本框中单击鼠标左键，将出现一个闪烁的插入光标，此时即可输入所需的文本。

❖ **列表框**：列表框列出了有关某个设置的有效选项供用户选择。列表框分为固定列表框和下拉式列表框。固定列表框大小固定，单击列表框中的某个选项即可选择该选项。下拉式列表框将选项列表隐藏，单击列表框右侧的下拉箭头按钮即可弹出选项。

❖ **按钮**：单击按钮可以实现按钮名称所代表的功能，按钮名称后带有"…"的表示单击该按钮会弹出新的对话框。

2.4 系统基本设置

知识导读

Windows 10是一个非常人性化的操作系统,我们可以根据需要更改一些常用的系统设置,如更改屏幕保护程序、设置显示器的分辨率、修改系统时间和创建账户等,以满足我们的使用习惯和要求。

2.4.1 更改桌面背景

系统的桌面背景是一张图片,是可以更换的。我们可以选择自己喜欢的图片作为电脑的桌面背景,使电脑更美观。更换桌面背景的方法如下。

01 进入"个性化"设置

① 在桌面空白处单击鼠标右键。
② 在弹出的快捷菜单中单击"个性化"命令。

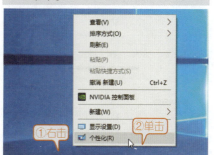

02 选择图片

弹出"个性化"窗口,默认进入"背景"选项卡,在右侧选择一张图片。

03 关闭"个性化"窗口

选择完成后,所选图片将置于左侧第一幅,单击"关闭"按钮。

04 查看完成效果

关闭窗口返回桌面,即可发现桌面背景已经被更换了。

> **技巧**
> 若要将自己存储在电脑中的图片设置为桌面背景,可在上面的"桌面背景"窗口中单击"浏览"按钮,然后选择需要的图片即可。

2.4.2 设置屏幕保护程序

当一段时间没有对鼠标和键盘进行任何操作时,系统会自动启动屏幕保护程序,通过不断变化的图形显示避免显示屏的局部区域损坏,从而起到保护显示器屏幕的作用。

除此之外,设置屏幕保护程序还可以起到美化电脑屏幕的作用。设置屏幕保护程序的方法如下。

01 进入"锁屏界面"选项卡
① 打开"个性化"窗口,在打开的"个性化"窗口中选择"锁屏界面"选项卡。
② 单击右侧的"屏幕保护程序设置"链接。

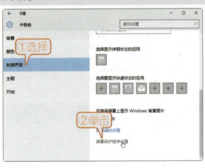

02 设置屏幕保护程序
① 在"屏幕保护程序"栏中的下拉列表中选择合适的程序选项。
② 在"等待"数值框中输入显示屏保的等待时间。
③ 单击"确定"按钮即可。

2.4.3 设置显示器分辨率

显示器分辨率是指屏幕上显示的像素点的个数,以"行点数×列点数"表示。分辨率越大,屏幕上显示的像素点就越多,显示的内容也越多,反之,显示的内容也就越少。如果需要更改显示器的分辨率,可通过下面的操作实现。

01 选择"显示设置"命令
① 在桌面空白处单击鼠标右键。
② 在弹出的快捷菜单中选择"显示设置"命令。

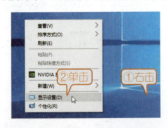

02 单击"高级显示设置"链接

打开"系统"窗口，将自动定位到"显示"选项卡，在右侧对应的界面底部单击"高级显示设置"链接。

03 选择需要的分辨率

① 打开"高级显示设置"窗口，在"分辨率"下拉列表中选择需要的分辨率。
② 单击"应用"按钮。

04 保存更改

系统将自动调整分辨率，然后在弹出的提示对话框中单击"保存更改"按钮即可保存设置。

2.4.4 设置系统时间和日期

在Windows 10操作系统任务栏的通知区域右侧，默认显示了当前的系统时间和日期，操作系统在执行各项任务时都会参照此时间。如果系统显示的日期或时间不正确，或者有特殊需要，用户可以进行修改。在Windows 10操作系统中修改系统时间和日期的具体操作如下。

01 单击"日期和时间设置"链接

① 使用鼠标左键单击当前显示的系统时间。
② 在弹出的菜单中单击"日期和时间设置"链接。

02 关闭自动设置时间

① 弹出"时间和语言"窗口，在日期和时间"选项卡下单击"自动设置时间"开关按钮，关闭该功能。
② 单击"更改"按钮。

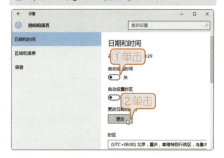

03 设置时间日期

① 弹出"更改日期和时间"对话框，在"日期"栏中设置当前日期，在"时间"栏中设置当前时间。
② 设置完成后单击"更改"按钮即可。

2.4.5 设置账户密码

有时为了电脑安全或是为了保护个人隐私，需要对用户账户设置密码，这样不知道密码的用户便无法进入系统。设置用户账户密码的具体方法如下。

01 单击"设置"命令

① 单击"开始"按钮，打开"开始"菜单。
② 单击"设置"命令。

02 单击"账户"选项

打开"设置"窗口，单击"账户"链接。

03 单击"添加"按钮

① 打开"账户"窗口，切换到"登录选项"选项卡。
② 在"密码"栏中单击"添加"按钮。

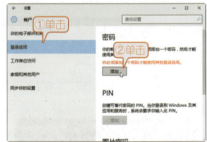

📶 提 示

在"账户"窗口中默认显示的是当前正在使用的账户，如要设置其他账户可切换到该账户后，再进行设置。

04 创建密码

① 弹出"创建密码"对话框,根据需要设置密码。
② 单击"下一步"按钮。

05 关闭窗口

此时将提示"下次登录时,请使用新密码",单击"完成"按钮即可。

2.5 课堂练习

练习一:设置个性桌面

▶ **任务描述:**

　　结合本章所学的设置桌面图标、更改桌面背景等相关知识点,练习设置一个个性化桌面。

▶ **操作思路:**

01 根据需要添加或删除桌面图标,并更改图标的排列方式。
02 将电脑中自己喜欢的图片设置为桌面背景。

练习二:为账户设置密码

▶ **任务描述:**

　　结合本章所学的账户密码设置相关知识,为账户设置一个密码防止他人进入你的电脑。

▶ **操作思路:**

01 进入家庭安全窗口,选择想要设置密码的账户。
02 为电脑设置一个新密码。

2.6 课后答疑

问:我不知道执行了什么操作,任务栏跑到屏幕右侧去了,操作很不方便,怎样恢复任务栏的位置呢?

答:任务栏默认位于屏幕下方,但是其位置和大小都是可以改变的。如果任务栏跑到了屏幕左侧,说明是不小心拖动了任务栏,只需将其拖回原位置即可。调整任务栏位置的方法是:将鼠标指针指向任务栏中间的空白位置,按下鼠标左键同时拖动鼠标,将鼠标指针拖动到桌面的任意一侧,然后释放鼠标左键即可将任务栏拖到该位置。

> **技 巧**
> 要拖动任务栏,首先要确保任务栏没有处于锁定状态。方法是用鼠标右键单击任务栏空白处,在弹出的快捷菜单中确认"锁定任务栏"命令未被勾选。

问:我用鼠标将桌面上的一个图标拖动到另一个位置后松开鼠标按键,该图标并未移动到那个位置,而是跑到左边的一个图标下面,这是为什么?

答:这是因为桌面图标被设置为了自动排列,解决方法是在桌面空白区域单击鼠标右键,在弹出的快捷菜单中依次单击"查看"→"自动排列"命令,使"自动排列"命令前面的勾选标记消失即可。

问:我看到别人的Windows 10操作系统中的窗口颜色和我的不一样,怎样自定义窗口的颜色呢?

答:在Windows 10操作系统中,窗口的颜色是可以任意设置的,你可以将它设置为自己喜欢的颜色。在桌面空白处单击鼠标右键,在弹出的快捷菜单中单击"个性化"命令,打开"个性化"窗口后切换到"颜色"选项卡,然后在右侧选择一种主题颜色即可。

第3章
轻松学打字

无论是编辑文档、上网聊天还是发送电子邮件，都需要进行文字输入，文字输入是电脑应用的基本技能之一。本章将详细介绍如何使用拼音输入法和五笔字型输入法在电脑中输入汉字。

本章要点：
- ❖ 认识输入法
- ❖ 学习拼音输入法
- ❖ 学习五笔字型输入法

3.1 认识输入法

> **知识导读**
> 在学习汉字输入前,首先需要了解汉字输入法的分类及相关知识,以便更好地选择更适合自己的输入法,只有这样才能更快地掌握汉字输入法。下面让我们先认识输入法。

3.1.1 基本输入方法

常用的汉字输入法有拼音输入法和五笔字型输入法两种,我们可以结合自己的实际情况来选择适合自己的输入法。

1. 拼音输入法

拼音输入法是按照汉字的读音来输入汉字的,不需要特殊记忆,只要会拼音就可以输入汉字。拼音输入法有许多种,它们虽然原理相同,但打字方法略有区别。常见的拼音输入法有微软拼音输入法、百度拼音输入法,以及搜狗拼音输入法等。

> **提 示**
> 拼音输入法的缺点是同音字太多,输入效率低,并且对用户的发音要求较高,难于处理不认识的生字。但拼音输入法容易上手,适合普通电脑操作者使用。

2. 五笔字型输入法

五笔字型输入法是按汉字的字形来进行编码的。汉字由许多相对独立的基本部分组成。例如,"好"字是由"女"和"子"组成,"音"字是由"立"和"日"组成。这里的"女"、"子"、"立"、"日"在汉字编码中称为字根或字元。

五笔字型输入法是将字根或笔划规定为基本的输入编码,然后由这些编码组合成汉字的输入方法。常用的五笔字型输入法有王码五笔输入法、极点五笔输入法等。

> **提 示**
> 五笔字型输入法的优点是重码少,不受方言干扰,只要经过一段时间的训练,输入文字的效率就会有很大的提高。但缺点是上手难,需要记忆的东西较多,长时间不用容易忘掉。

3.1.2 查看和选择输入法

在任务栏右侧的通知区域中,有一个输入法状态栏。默认情况下为英文输入状态，以"英"图标显示，此时使用键盘在文档中输入的是英文字符。单击该图标，将切换为"中"图标，表示可以输入中文。系统默认的中文输入法为"微软拼音"，如果安装了其他中文输入法，通知区域会出现微软拼音的图标 M。单击该图标，在弹出的输入法列表框中选择需要的输入法即可。

提 示
切换到某种输入法后，将显示出相应的输入法状态条，输入法的状态条可能附在任务栏中，或浮于屏幕上方。

3.1.3 安装第三方输入法

除了操作系统自带的微软输入法以外，还有一些由其他电脑技术人员开发的输入法，这些输入法都需要通过安装程序进行安装之后才能正常使用。下面以安装搜狗拼音输入法为例，介绍如何安装第三方输入法。

01 双击安装程序
下载好需要安装的第三方输入法软件，或者将其安装程序复制到电脑中，双击安装程序。

02 选择安装方式
在弹出的对话框中单击"立即安装"按钮。如果有需要也可以单击"浏览"按钮选择安装位置。

03 等待安装

程序开始安装,请等待。

04 选择是否登录

安装成功后,可以登录搜狗拼音输入法,如果不需要,可以直接单击"跳过"。

05 安装成功

① 安装成功后,取消勾选不需要的设置项。
② 单击"完成"按钮即可。

3.1.4 添加和删除输入法

用户可将电脑中已经安装且暂不使用的输入法删除,需要使用时再将其添加到输入法列表中。

1. 添加输入法

默认情况下,在Windows 10操作系统中,输入法列表中只显示了微软拼音输入法,但实际上系统中自带的汉字输入法并不止这些。如果需要将系统自带的其他输入法添加到输入法列表中,可按下面的操作步骤实现。

01 单击"语言首选项"按钮

① 单击任务栏上的输入法图标。
② 在弹出的输入法列表中单击"语言首选项"按钮。

02 选择语言选项

① 弹出"时间和语言"对话框,默认打开"区域和语言"选项卡,在"语言"栏中选择"中文(中华人民共和国)Windows 显示语言"选项。
② 单击出现的"选项"按钮。

03 添加输入法

① 弹出"中文(中华人民共和国)"对话框,在"键盘"列表中单击"添加键盘"按钮。
② 在弹出的下拉菜单中选择需要添加的输入法,如"搜狗拼音输入法",单击即可。

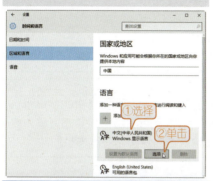

04 关闭对话框

此时所选输入法将添加到"键盘"列表的输入法选项中,单击"关闭"按钮保存设置即可。

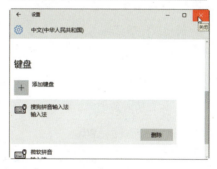

2. 删除输入法

若系统中添加的输入法太多,而经常使用的输入法就只有一两种,要切换到常用的输入法会比较麻烦,此时可以将不经常使用的输入法删掉,具体操作步骤如下。

01 执行"删除"操作

按照前面的操作方法,打开"中文(中华人民共和国)"对话框,在"键盘"列表中选中要删除的输入法,如"微软五笔"输入法,此时将出现对应的"删除"按钮,单击即可。

02 关闭对话框

此时"键盘"列表中已没有"微软五笔输入法"了，单击"关闭"按钮保存设置即可。

3.2 学习拼音输入法

知识导读

只要有一定的拼音基础，便可以学习拼音输入法。由于拼音中的字母可以和键盘上的字母按键一一对应，因此使用非常简单。这里以第三方输入软件搜狗拼音输入法为例介绍，其他拼音输入法的使用方法基本相同。

3.2.1 输入单个汉字

使用搜狗拼音输入法输入单字很简单，只需根据汉字的拼音依次在键盘上输入相应的字母（输入过程中会显示相应的汉字），输入完毕后使用数字键进行选择即可。

例如要输入"我"字，键入拼音"wo"，在候选框可以看到"我"字的编号为"1"，此时按下空格键即可输入"我"字。

键入拼音后，如果候选框中没有需要的字，此时可以通过以下两种方式进行翻页。

❖ 在候选框中单击"上一页"按钮图标可向上翻页，单击"下一页"按钮图标可向下翻页。
❖ 按下"PageUp"键或"-"键可向上翻页，按下"PageDown"键或"+"键可向下翻页。

提 示

由于键盘上没有字母键"ü"，因此当要输入拼音"ü"时，可键入字母"v"来替代。例如要输入"绿"字，键入"lv"即可。

3.2.2 输入词组

在搜狗拼音输入法中支持全拼、简拼和混拼3种输入方式,以及输入特殊字符、模糊音输入和拆分输入等功能,大大提高用户输入汉字的速度。

❖ 全拼输入:按顺序依次键入词组的完整拼音即可。例如要输入词组"你好",键入拼音"nihao",在候选框中可看到"你好"的编号为"1",此时按下数字键"1"或按下空格键,然后再按下空格键确认即可。

❖ 简拼输入:通过输入声母或声母的首字母来进行输入的一种方式,有效地利用它可大大提高输入效率。例如要输入"这个",全拼为"zhege",而简拼则只需输入"zg",汉字候选框中即出现所需的汉字。

❖ 混拼输入:根据字、词的使用频率,将全拼和简拼进行混合使用。在输入时,部分字用全拼,部分字用简拼,从而减少击键次数和重码率,并提高输入速度。例如输入词组"中国",可键入"zhguo",也可键入"zhongg"。

3.2.3 输入特殊字符

使用搜狗拼音输入法时,不仅可以通过软键盘输入特殊字符,还可以通过对话框输入,其操作方法如下。

01 单击"符号大全"命令

① 右击输入法状态条中的"菜单"按钮。
② 在弹出的快捷菜单中依次单击"表情&符号"→"符号大全"命令。

02 插入特殊符号

① 弹出"符号大全"对话框,在列表框的左侧可选择符号类型。
② 在列表框中单击需要输入的符号即可输入。

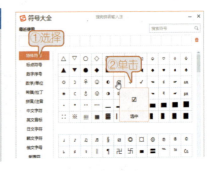

3.2.4 输入网址

搜狗拼音输入法的网址输入模式是特别为网络设计的便捷功能,使用户能够在中文输入状态下输入几乎所有的网址,其输入规则如下。

- ❖ 输入以"www."、"http:"、"ftp:"、"telnet:"和"mailto:"等开头的字符时,会自动进入英文输入状态,然后便可输入诸如"sohu.com"之类的网址。
- ❖ 输入邮件地址时,只能输入前缀不含数字的邮件地址,例如"lili@163.com"。

技 巧

搜狗拼音输入法还提供了人名输入模式,通过该模式可快速输入人名。例如键入拼音"liuruoying",搜狗拼音输入法会自动组出一个或一个以上人名,且第一个以红色显示。如果需要查看更多同音的人名,可按"分号+R"进入人名模式,此时候选框中会显示多个人名。当需要退出人名模式时,再次按"分号+R"即可。

3.3 学习五笔字型输入法

知识导读

五笔字型输入法是一种形码输入法,因其具有普及范围广、不受方言限制、重码少及输入速度快等优点,被用户广泛使用。下面将详细讲解五笔字型输入法的相关操作。

3.3.1 汉字的构成

构成汉字最基本的单位是笔画,由基本笔画构成汉字的字根,再由基本笔画及字根构成全部有形有意的汉字。

1. 组成汉字的3个层次

汉字形体复杂,笔画繁多,但所有的汉字都具有几个共同的特性。无论多复杂的汉字都是由笔画组成的,基本笔画构成汉字的偏旁部首,再由基本笔画及偏旁部首组成单个汉字。例如"仅"字,先由"一撇一竖"组成字根"亻",由"一折一捺"组成字根"又",最后由两个字根组成"仅"。

$$ 丿 \rightarrow 亻 $$
$$ 乀 \rightarrow 又 \rightarrow 仅 $$

笔画:笔画是指在书写汉字时一次写成的连续不间断的一个线段。在五笔字型输入法中,按照汉字书写笔画的方向,可将笔画分为横(一)、竖(丨)、撇(丿)、捺(乀)和折(乙)5种。

- 字根:字根是由若干笔画交叉复合而形成的相对固定的结构,它是构成汉字最基本的单位。例如,"仁"字,通常认为它由"亻"和"二"组成,这里所说的"亻"和"二"就是字根。
- 单字:将字根按一定的位置组合起来就成了汉字。例如,将字根"亻"和"门"组合起来就成了汉字"们",将字根"夂"和"力"组合起来就成了汉字"务"。

2. 汉字的3种字型

汉字的字型指构成汉字的各字根之间的结构关系。在五笔字型输入法中,汉字由字根组合而成,即便是同样的字根,也会因组合位置的不同而组成不同的汉字。

- 左右型:是指一个汉字能分成有一定距离的左右或左中右几部分,则这个汉字就称为左右型汉字。例如,"汉"、"和"、"湘"、"邵"等字均为左右型汉字。
- 上下型:是指能分成有一定距离的上下两部分或上、中、下三部分的汉字。例如,"笔"、"音"、"简"、"贺"等字均为上下型。
- 杂合型:杂合型汉字主要包括半包围、全包围和独体字。字根之间虽然也有一定间距,但没有明显的上下或左右之分。例如,"困"、"幽"、"出"、"天"、"左"等均为杂合型汉字。

3.3.2 字根的分布

字根既可以是汉字的偏旁部首,也可以是部首的一部分或者笔画,五笔字型将基本字根按照一定规则排列在键盘上除"Z"外的25个字母键位上,这25个键位被分为5个区,下面首先认识键位分区。

1. 字根分区与键位标识

根据每个字根的首笔画,我们将所有字根分成5类分布在键盘上,即横、竖、撇、捺、折5个区,其中每个区有5个键位,如表3-1所示。

表3-1 字根分区

键盘分区	起笔笔画	键位
第1区	横起笔	G、F、D、S、A
第2区	竖起笔	H、J、K、L、M
第3区	撇起笔	T、R、E、W、Q
第4区	捺起笔	Y、U、I、O、P
第5区	折起笔	N、B、V、C、X

2. 字根的键位分布图

在五笔字型输入法中,将字根在形、音和意等方面进行归类,同时兼顾电脑标准键盘上英文字母(不包括"Z"键)的排列方式,将它们合理地分布在键位"A"~"Y"共计25个英文字母键上,便构成了五笔字型的字根键盘(见下图)。

除了按每个字根的开头笔画将所有字根分成5个区外,每个区的5个键位上的字根分布也有一定规律,这些规律有助于我们记住这些字根及其在键盘中的分布位置,主要有以下几点。

- ❖ 单笔画"一"、"丨"、"丿"、"丶"和"乙"分布在位号为1的键位上,两个单笔画的复合笔画(如"二"、"刂"等)分布在位号为2的键位上,3个单笔画复合起来的字根(如"三"、"彡"等)分布在位号为3的键位上。
- ❖ 一般来讲,字根的次笔画的笔画代号与其所在的位号一致,如字根"土"的第1笔画为横(一),所以位于1区,而第2笔画为竖(丨),"竖"的代号为2,即位号为2,因此该字根位于区号位为12的"F"键上。
- ❖ 每个键上的第1个字根称为键名汉字,它是字根中最具代表性的完整汉字。在五笔字型输入法中,将那些与键名汉字外形相近的字根分配在该键名汉字所在的键位上。

2. 五笔字根口诀

为了便于更快地记住键盘上的字根分布，对每一个键位上的字根都编了一句口诀，要学好五笔，必须先背熟这25句口诀。

表3-2 五笔字根口诀

键名	口诀	键名	口诀
11 G	王旁青头戋（兼）五一	21 H	目具上止卜虎皮
12 F	土士二干十寸雨	22 J	日早两竖与虫依
13 D	大犬三羊古石厂	23 K	口与川，字根稀
14 S	木丁西	24 L	田甲方框四车力
15 A	工戈草头右框七	25 M	山由贝，下框几
31 T	禾竹一撇双人立，反文条头共三一	41 Y	言文方广在四一，高头一捺谁人去
32 R	白手看头三二斤	42 U	立辛两点六门扩
33 E	月彡（衫）乃用家衣底	43 I	水旁兴头小倒立
34 W	人和八，三四里	44 O	火业头，四点米
35 Q	金勺缺点无尾鱼，犬旁留乂儿一点夕，氏无七（妻）	45 P	之宝盖，摘ネ（示）衤（衣）
51 N	已半巳满不出己，左框折尸心和羽	54 C	又巴马，丢矢矣
52 B	子耳了也框向上	55 X	慈母无心弓和匕，幼无力
53 V	女刀九臼山朝西		

3.3.3 输入一级简码

根据每个键位上的字根形态特征，在25个键位上分别安排了一个使用频率较高的汉字，称为"一级简码"。其分布规律主要是根据每个字的第一笔画所在的区进行分配。

一级简码的输入方法是首先键入该字所在的键，再键入空格即可。如键入"W+空格"，可输入"人"字，键入"H+空格"，可输入"上"字。

3.3.4 输入字根汉字

在所有汉字中，有一类比较特殊的汉字，它们既是字根，又是独立的汉字，被称为字根汉字。字根汉字包括键名字和成字字根，这类汉字不用进行字根拆分，它们都有特定的编码方法。

1. 输入键名字

在字根分布图中，每个按键右上角都有一个完整的汉字字根（X键上的"纟"除外），这个字根是该组字根中最具代表性且使用最频繁的汉字字根，如G键上的"王"，F键上的"土"等，一共有24个，这些字根称为键名字。

对于键名字，只需要将它们所在的键连击4次，组成4位编码，即可输入相应的键名字。如键入"GGGG"，即可输入"王"字；键入"QQQQ"，即可输入"金"字。

2. 输入成字字根

除了键名字外，在字根中还有一些自身就是一个独立汉字的字根，称为成字字根。例如"F"键上的"士"、"二"、"十"、"寸"和"雨"。"L"键上的"甲"、"四"、"车"和"力"等。

成字字根的取码规则是：先键入该字根所在的键位（俗称"报户口"），然后按照书写顺序依次键入它的第一个笔画、第二个笔画和最后一个笔画所在的键位。

例1：输入"干"字

"干"是位于"F"键上的成字字根，根据编码规则应先输入字根所在的键位，然后输入首笔画"一"、次笔画"一"和末笔画"丨"所在键位，其五笔编码为"FGGH"。

干 → 干 + 干 + 干 + 干
编码　F　G　G　H

例2：输入"由"字

"由"字是位于"M"键上的成字字根，根据编码规则先按下该字根所在键位，再按下首笔画"丨"、次笔画"𠃌"和末笔画"一"所在键位，即五笔编码为"MHNG"。

由 → 由 + 由 + 由 + 由
编码　M　H　N　G

在成字字根中，有些汉字的笔画只有2笔，对于这类字只需输入该字根所在键位，以及其首尾两个笔画所在键位即可。由于编码不足4码，因此需要以空格键补齐。

3.3.5 汉字的拆分

除了键名字和成字字根外，其他汉字都是由多个字根组合而成的合体字。要输入合体字，必须先将其拆分为基本字根，并按一定的顺序进行排列。

在了解了字根的分布情况后，我们可以拆分一部分比较简单的汉字。但要将更多的汉字拆分出来，还需要掌握五笔字型输入法中规定的汉字拆分原则。

1. "字根存在"原则

在将一个完整的汉字拆分为字根时，必须首先保证拆分出来的部分都是基本字根。如果出现一个非基本字根的部分，则这种拆分方法一定是错误的。

例：拆分"顺"字

拆分"顺"字时，不能拆分为"川"和"页"，因为"页"不是基本字根，还必须进一步进行拆分。正确的拆分方法为：将"顺"拆分为"川"、"𠂉"和"贝"3个字根。

顺 → 顺 + 顺 + 顺　✓
顺 → 顺 + 顺　　　　✗

2. "书写顺序"原则

"书写顺序"原则是指按汉字书写的顺序将汉字拆分成基本字根。包括"从左到右"、"从上到下"和"从外到内"3种顺序。

例：拆分"志"字

按照从上到下的书写顺序，应拆分为"上"和"心"两个字根，而不是"心"和"上"。

> 📶 **提示**
>
> 需要注意的是，对于带有"辶"和"廴"结构的半包围汉字，应按从内到外的书写顺序进行拆分。例如，"过"字应拆分为"寸"和"辶"两个字根，"延"字应拆分为"丿"、"止"和"廴"3个字根。

3. "取大优先"原则

"取大优先"原则是指在拆分汉字时，拆分出来的字根应尽量"大"，拆分出来的字根应尽量少，通常以"再添一个笔画便不能成为字根"为标准。

例：拆分"世"字

"世"字，可以拆分为"廿"和"乙（折）"，也可以拆分为"一"、"凵"和"乙"。根据取大优先原则，拆出的字根要尽可能大，而第二种拆分方法中的"凵"完全可以向前"凑"到"一"上，形成一个"更大"的基本字根"廿"，所以第一种拆分是正确的。

世 → 世 + 世　　✓
世 → 世 + 世 + 世　　✗

4. "能连不交"原则

"能连不交"原则是指在拆分汉字时，所拆分出的字根之间尽量不交叉，即在同时能拆出"连"和"交"两种结构的字根组合时，"连"比"交"优先。

例：拆分"生"字

"生"字用"相连"的拆法可拆为"丿"、"𠂉"，用"相交"的拆法可拆为"𠂉"、"土"，根据能连不交的原则，应正确拆分为"丿"、"𠂉"。

生 → 生 + 生　　✓
生 → 生 + 生　　✗

5. "笔画不断"原则

"笔画不断"原则是指在拆分汉字时，一个连续的笔画不能拆分在两个字根里。

例：拆分"果"字

如果将"果"字拆分为"田、木"，那么就将"木"字的竖笔画拆断了。

因此，根据"笔画不断"原则，应拆分为"日、木"。

果 → 果 + 果 ✓
果 → 果 + 果 ✗

3.3.6 输入合体字

除了键名字和成字字根以外，其他汉字都是由多个字根组成的，这类汉字称为合体字。由于五笔字型中每个汉字的编码不超过4位，因此根据合体字拆分出来的字根数量，将其分为刚好4码的汉字、超过4码的汉字和不足4码的汉字，下面分别介绍它们的取码规则。

1. 刚好4码的汉字

这类汉字刚好由4个字根组成，其取码规则为：按照拆分顺序，依次键入各个字根所在键位，组成4位编码，即可输入汉字。

例1：输入"说"字

"说"字，可以拆分成"讠、⺍、口、儿"4个字根，只需依次按下这4个字根对应的键位便可输入，即五笔编码为：YUKQ。

说 → 说 + 说 + 说 + 说
编码   Y   U   K   Q

例2：输入"照"字

"照"字刚好由4个字根组成，分别位于"J"、"V"、"K"和"O"键上，根据取码规则，该字的五笔编码为：JVKO。

照 → 照 + 照 + 照 + 照
编码   J   V   K   O

2. 超过4码的汉字

这类汉字由4个以上的字根组成，其取码规则为：依次键入汉字的第一个字根、第二个字根、第三个字根和最后一个字根所在的键位。

例1：输入"熊"字

"熊"字可拆分成多个字根，取其第1、2、3个字根和末字根"厶、月、匕、灬"，因此该字的五笔编码为：CEXO。

熊 → 熊 + 熊 + 熊 + 熊
编码   C   E   X   O

例2：输入"蟹"字

"蟹"字可以拆分成多个字根，根据取码规则，取其第1、2、3个字根和末字根"⺈、用、刀、虫"，因此该字的五笔编码为：QEVJ。

蟹 → 蟹 + 蟹 + 蟹 + 蟹
编码　　Q　　E　　V　　J

3. 不足4码的汉字

这类汉字由2个或3个字根组成，由于2个或3个键位可以组合成不同的汉字，因此按照常规的取码方法常常不能直接输入所需汉字。例如"可"字可以拆分为"丁"和"口"，对应的编码为"SK"；而"杏"字可以拆分为"木"和"口"，对应的编码同样为"SK"。

为了对同编码汉字进行区分，五笔字型中采用末笔字型交叉识别码（简称"识别码"）进行识别。末笔字型交叉识别码由汉字末笔画的基本笔画代码和字型代码组合而成。基本笔画为"横、竖、撇、捺、折"，对应代码为"1~5"，字型分为"左右型、上下型、杂合型"，代码分别为"1、2、3"。取末笔代码加上字型代码组合即可得到对应按键的区位号，这个键就是该字的识别码。

表3-3　五笔字型交叉识别码

末笔字型	左右型（1）	上下型（2）	杂合型（3）
横（1）	11G（一）	12F（二）	13D（三）
竖（2）	21H（丨）	22J（刂）	23K（川）
撇（3）	31T（丿）	32R（彡）	33E（乡）
捺（4）	41Y（丶）	42U（冫）	43I（氵）
折（5）	51N（乙）	52B（𠃌）	53V（巛）

例如，"杏"的末笔是"横"，对应的代码为"1"，"杏"为上下型，对应的代码为"2"，组合即为"12"，对应的键为"F"，则"F"就是"杏"的识别码。

判断一个汉字的识别码时，应先根据该字的末笔画确定识别码所在的键区，然后根据其字型得到识别码在该键区中所在的键位，这样就能快速找到该字的识别码。

对于不足4个字根的汉字的取码规则为：依次键入组成汉字的所有字根所在的键位，再键入该字的识别码，如果补上识别码后编码仍不足4位的，则加上一个空格键。

例：输入"收"字

"收"字，只能拆分为"乙、丨、攵"3个字根，此时需要加上一个末笔字型识别码。"收"字的末笔为"㇏"（4），字型为"左右型"（1），因此末笔字型识别码就为41，41所对应的键位为"Y"，所以"收"字的五笔编码为：NHTY。

收一 收+ 收+ 收+㇏

编码　N　H　T　Y

> **提示**
> 若某些汉字使用末笔字型识别码后仍不足4码，就需要再输入一个空格，即"第一个字根+第二个字根+末笔字型识别码+空格"。

3.3.7 输入词组

"词组"是指由两个及两个以上汉字构成的比较固定且常用的汉字组合。词组可分为二字词组、三字词组、四字词组和多字词组，不同字数的词组其取码规则各不相同。熟练使用词组输入，可以提高五笔字型的录入速度。

1. 输入二字词组

对于由两个字构成的词组，编码规则为取第1个字的前两个编码和第2个字的前两个编码相组合，共4码。

例1：输入"知道"

取"知"的第1个字根"𠂉"，第2个字根"大"，"道"的第1个字根"䒑"，第2个字根"丿"，其五笔编码为：TDUT。

例2：输入"规则"

取"规"的第1个字根"二"，第2个字根"人"，"则"的第1个字根"贝"，第2个字根"刂"，其五笔编码为：FWMJ。

知道
知+知+道+道
编码　T　D　U　T

规则
规+规+则+则
编码　F　W　M　J

2. 输入三字词组

对于由3个字构成的词组，编码规则为取前两个字的第1个编码和第3个字的前两个编码相组合，共4码。

例1：输入"计算机"

取"计"字的第1个字根"讠"，"算"字的第1个字根"竹"，"机"字的第1个字根"木"，第2个字根"几"，其五笔编码为：YTSM。

例2：输入"工程师"

"工"字本身就是一个字根，直接取该字根，然后取"程"字的第1个字根"禾"，"师"字的第1个字根"丿"，第2个字根"一"，其五笔编码为：ATJG。

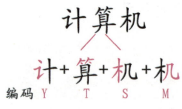

3. 输入四字词组

对于四个字组成的词组，其取码规则为依次取每个字的第1个编码相组合即可，共4码。

例1：输入"爱莫能助"

取"爱"字的第1个字根"爫"，"莫"字的第1个字根"艹"，"能"字的第1个字根"厶"，"助"字的第1个字根"月"，其五笔编码为：EACE。

例2：输入"争先恐后"

取"争"字的第1个字根"勹"，"先"字的第1个字根"丿"，"恐"字的第1个字根"工"，"后"字的第1个字根"厂"，其五笔编码为：QTAR。

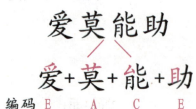

4. 输入多字词组

多字词组是指由四个以上汉字组成的词组，多字词组的编码规则为：分别取词组的前3个汉字和最后一个汉字的首位编码相组合，共4码。

例1：输入"搬起石头砸自己的脚"

取"搬"字的第1个字根"扌"，"起"字的第1个字根"土"，"石"字本身就是一个字根，最后取"脚"字的第1个字根"月"，其五笔编码为：RFDE。

例2：输入"快刀斩乱麻"

取"快"字的第1个字根"忄"，"刀"字的第1个字根"刀"，"斩"字的第1个字根"车"，"麻"字的第1个字根"广"，其五笔编码为：NVLY。

搬起石头砸自己的脚

搬 + 起 + 石 + 脚

编码　R　F　D　E

快刀斩乱麻

快 + 刀 + 斩 + 麻

编码　N　V　L　Y

3.4 课堂练习

练习一：使用拼音输入法输入一段文字

▶ **任务描述：**

　　结合本章所学的拼音输入法相关知识，练习在"记事本"程序中输入下面一段文字。

　　"吹面不寒杨柳风"，不错的，像母亲的手抚摸着你，风里带着些新鲜的泥土的气息，混着青草味儿，还有各种花的香，都在微微湿润的空气里酝酿。鸟儿将巢安在繁花嫩叶当中，高兴起来了，呼朋引伴地卖弄清脆的歌喉，唱出婉转的曲子，跟清风流水应和着。牛背上牧童的短笛，这时候也成天嘹亮地响着。"

▶ **操作思路：** 启动"记事本"程序，切换到拼音输入法并输入上面的文字。在输入的时候注意使用简拼与混拼，提高打字速度。

练习二：使用五笔字型输入法输入寻物启事

▶ **任务描述：**

　　本节将练习在Word程序中输入下面一则寻物启事，旨在让读者熟练使用五笔字型输入法。

寻物启事

　　本人在2017年2月20日乘坐601路公共汽车时，不慎将钱包遗失，内有本人身份证一张、银行卡若干、现金若干。有拾到者请速与本人联系，必有重谢。

电话：136******
启事人：张华
2017年2月21日

▶ **操作思路**：启动Word程序，然后切换到五笔字型输入法并输入上面的文字，输入时注意使用空格键调整文字的位置。

3.5 课后答疑

问：怎样使用五笔字型输入法输入5种基本笔画？

答：5种基本笔画即"横、竖、撇、捺、折"，要单独输入这5种笔画，只需依次击打基本笔画所在的键位两次，再击打两次L键即可。基本笔画的输入编码分别是：

横（一）："GGLL"　　竖（丨）："HHLL"　　撇（丿）："TTLL"
捺（丶）："YYLL"　　折（乙）："NNLL"

问：五笔字型输入法中键盘上的"Z"键有什么用？

答：Z键在五笔字型输入法中相当于一个"？"，被定义为万能键。如果对某个字的编码不太清楚时，就可以用"Z"来代替。有了Z键，就可以让系统去帮助查找正确的字根分布。对于初学者来说，这将大大减轻学习强度。

在输入五笔编码时，如果使用了"Z"键来代替了编码中某个键，电脑便可以帮助检索出那些符合已知字根代码的字，并将汉字及其正确代码显示在提示框里，然后在提示框里找出需要的字。充分利用"Z"键，可以帮助我们更快地熟悉五笔字型输入法。

问：在输入词组时，如果里面有个字是一级简码，那么该怎样输入呢？

答：有时候词组中可能存在一个或者几个一级简码汉字。例如，词组"我们"中的"我"字就是一级简码汉字。在输入这类词组时，不将一级简码汉字看成是一级简码，而是把它当成普通的汉字，按照一般的汉字拆分规则来输入。

第4章

文件和文件夹管理

电脑中所有的信息都是以文件的形式存在的,在使用电脑的过程中,不管是编辑文档、浏览图片还是播放音乐,都涉及文件管理操作。文件管理主要包括浏览文件、移动文件、复制文件和删除文件等,本章将详细介绍文件管理的相关知识。

本章要点:
- ❖ 文件管理基础知识
- ❖ 文件与文件夹基本操作
- ❖ 使用回收站
- ❖ 文件与文件夹设置

4.1 文件管理基础知识

知识导读

文件管理是电脑最基本的功能,同时也是电脑操作最基本的技能。在电脑中,各种数据和程序都是以文件的形式存储的。要学会对电脑中的文件进行有效地管理,首先需要了解什么是硬盘分区和存储路径。

4.1.1 浏览硬盘中的文件

浏览文件和文件夹的主要途径是"此电脑"窗口,双击桌面上的"此电脑"图标,即可打开"此电脑"窗口。在"此电脑"窗口中,双击某个硬盘分区图标,即可进入该分区。每一个硬盘分区其实就是一个最大的文件夹,里面可以存放若干个文件和文件夹。

进入分区根目录后,若要查看某个文件夹中的文件,则双击该文件夹。若要打开某个文件,则逐级打开文件夹找到文件,然后双击其图标即可。

除了上述方法外,用户还可以通过"此电脑"窗口中的功能按钮来定位浏览路径。

- ❖ **地址栏**:用于标识当前窗口的路径。单击某个路径名称可以直接访问该目录,每一级路径后面都有一个小箭头,单击该箭头可以显示该路径下的所有下一级目录。
- ❖ **导航按钮**:位于窗口左上角,包括"返回"和"前进"两个按钮。若单击"返回"按钮,可返回到上一次访问的目录;使用了"返回"功能后,可通过"前进"按钮重新回到之前的目录。

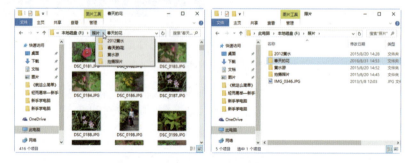

4.1.2 改变文件的视图与排序方式

为了更方便地了解文件夹中包含的文件内容,可以随时更改文件的视图及排序方式。

更改文件和文件夹图标的显示方式,包括不同大小的图标方式、列表方式、详细信息方式等。用鼠标右键单击窗口中的空白处,在弹出的快捷菜单中

第4章 文件和文件夹管理

的"查看"子菜单中可选择文件的显示方式。

下面分别介绍不同的文件和文件夹显示方式。

- ❖ 小图标、中等图标、大图标、超大图标：以不同的大小显示文件和文件夹图标，对于图像文件，当图标大小设置为"中等图标"或更大时，文件将以缩略图形式显示。
- ❖ 列表：文件和文件夹以小图标形式显示，只能看到文件和文件夹的名称和图标，适用于文件较多时使用。
- ❖ 详细信息：以表格形式显示文件和文件夹的详细信息，包括文件和文件夹的大小、类型、修改时间和该类文件和文件夹的相关信息，如图形文件的尺寸、音频文件的播放时间等。
- ❖ 平铺：以这种方式显示文件和文件夹，可以了解文件和文件夹的类型和大小等信息。

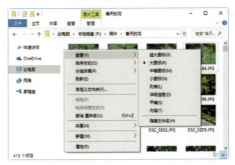

4.1.3 浏览U盘及移动硬盘

U盘是指USB接口的闪存盘，它是目前最流行的可移动存储设备。U盘外观小巧，携带方便。现在U盘的存储容量越来越大，常用的有8GB、16GB、32GB甚至更大。

移动硬盘是以硬盘为存储介质、计算机之间交换大容量数据、强调便携性的存储产品。移动硬盘多采用USB等传输速度较快的接口，可以以较高的速度与系统进行数据传输。

使用U盘和移动硬盘时，将其插入主机箱前面板或后面板上的USB接口中。稍等片刻后，打开"此电脑"窗口，就可以看到新安装的移动存储设备，双击移动存储设备图标，即可进入U盘或移动硬盘了。

4.2 文件与文件夹基本操作

> **知识导读**
> 电脑中有许许多多的文件，我们常常会创建新的文件夹来分类管理文件，再通过复制文件、移动文件或删除文件等操作来管理电脑中的资源。因此，掌握正确、高效的操作方法非常重要。

4.2.1 新建文件夹

为了便于查找和管理电脑中的资源，通常需要将相关联的一个或多个文件存储到同一个文件夹中。我们可以新建一个文件夹来存放这些文件，新建文件夹的具体方法如下。

01 单击"新建文件夹"按钮

打开"此电脑"窗口，进入需要新建文件夹的目录，然后单击鼠标右键，在弹出的快捷菜单中依次单击"新建"→"文件夹"命令。

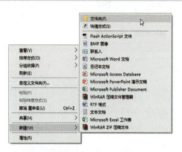

02 输入新文件夹名称

① 窗口中出现以"新建文件夹"命名的新文件夹，且文件夹名称为可编辑状态，删除默认的名称，输入需要的文件夹名称。

② 按下"Enter"键确认，或者使用鼠标单击窗口其他位置即可确认。

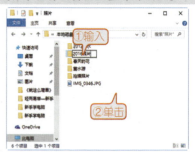

4.2.2 选定文件或文件夹

要对文件或文件夹进行操作，首先要选定需要操作的文件。选定单个文件或文件夹是非常简单的，只需用鼠标单击该文件或文件夹即可，选定之后该对象将以浅蓝色背景显示。

除了选择单个文件外，有时还会遇到需要同时选择多个文件的情况。选定多个文件的方法有很多种，用户可以根据需要灵活使用。

❖ **鼠标框选**：用于选择某矩形区域内的文件。具体操作是将鼠标指针指向需要框选的文件的外侧空白处，按住鼠标左键并拖动鼠标，当拖动出的方框包含所有需要选择的文件时释放鼠标左键，即可选中方框内的文件。

第4章 文件和文件夹管理

- ❖ **选定连续文件**：先单击选定连续文件中的第一个文件，然后按下"Shift"键不放，再单击连续文件中的最后一个文件，最后释放"Shift"键即可。
- ❖ **选定非连续文件**：按住"Ctrl"键不放，然后分别单击需要选择的文件，最后释放"Ctrl"键即可。
- ❖ **选定全部文件**：如果需要选择某目录下的全部文件和文件夹，可单击工具栏的"组织"按钮，然后单击"全选"命令即可。

4.2.3 复制与移动文件

当用户需要将文件和文件夹存储到其他位置时，就需要用到文件和文件夹的复制与移动操作。复制文件的作用是创建一个与被复制文件相同的文件，以作为备份或拷贝给他人使用。当我们想将一个文件转移到其他位置存放时，就需要使用移动操作。复制与移动文件或文件夹是类似的，下面以复制操作为例进行讲解。

01 复制文件

① 使用鼠标右键单击需要复制的文件或文件夹。
② 在弹出的快捷菜单中单击"复制"命令。

02 粘贴文件

① 打开需要创建文件副本的文件夹，在窗口空白处单击鼠标右键。
② 在弹出的快捷菜单中单击"粘贴"命令即可。

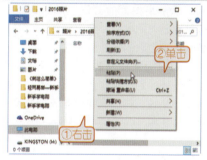

4.2.4 重命名文件或文件夹

为了便于对文件和文件夹进行合理的有效地管理，用户需要为文件和文件夹起一个见文知意的名称，以便能通过名称判断文件或文件夹内的内容，这时就涉及文件和文件夹的重命名操作。

重命名文件或文件夹的操作十分简单，方法为：使用鼠标右键单击需要重命名的文件或文件夹，在弹出的快捷菜单中

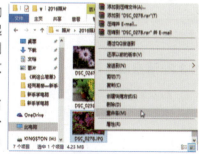

单击"重命名"命令,设置好名称后按下"Enter"键确认即可。

4.2.5 删除文件或文件夹

在管理文件和文件夹时,对于多余的文件或文件夹,可将其删除,以释放更多的磁盘空间。删除文件或文件夹的操作主要有以下两种。

- ❖ 选定需要删除的文件或文件夹,在被选定的对象上单击鼠标右键,在弹出的快捷菜单中单击"删除"命令,然后在弹出的确认对话框中单击"是"按钮,即可将文件删除。
- ❖ 选定要删除的文件后,可按下键盘上的"Delete"键来执行删除操作。需要注意的是,处于打开状态的文件和文件夹是不能被删除的。

4.3 使用回收站

> **知识导读**
> 回收站是一个特殊的文件夹,用户删除的文件将暂时存放在回收站中。回收站为用户误删文件提供了一种补救措施,用户可通过回收站彻底删除或还原文件。

4.3.1 还原被删除的文件

双击桌面上的"回收站"图标,即可打开"回收站"窗口,从中可以查看所有被删除的文件和文件夹。

如果需要将回收站中某个被删除的文件还原到原位置,只需用鼠标右键单击该文件,然后在弹出的快捷菜单中单击"还原"命令即可。

> **技 巧**
> 在"回收站"窗口中选中要还原的文件,单击工具栏中的"还原此项目"按钮,可立即将文件还原到原位置。

4.3.2 清空回收站

回收站中的文件同样会占据磁盘空间,因此用户应定期对回收站进行清空,以免电脑中垃圾文件过多。清空回收站的方法如下。

01 执行清空操作

① 使用鼠标右键单击"回收站"图标。
② 在弹出的快捷菜单中单击"清空回收站"命令。

02 确认清空操作

在弹出的确认删除对话框中单击"是"按钮，即可清空回收站。

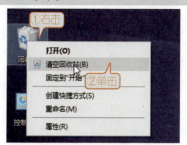

4.4 文件与文件夹设置

知识导读

对文件和文件夹进行设置，可以实现一些常用的功能，从而为管理文件提供更多更实用的操作。其中常用的功能有隐藏文件、显示文件扩展名和设置文件属性等。

4.4.1 隐藏重要文件

如果不想让重要文件被其他用户查看或使用，可以将这些文件隐藏起来。隐藏文件的具体操作方法如下。

01 打开属性对话框

① 用鼠标右键单击需隐藏的文件或文件夹。
② 在弹出的快捷菜单中单击"属性"命令。

02 设置隐藏属性

① 打开"文件属性"对话框，在"属性"栏里勾选"隐藏"复选框。
② 单击"确定"按钮保存设置。

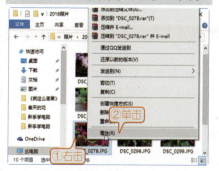

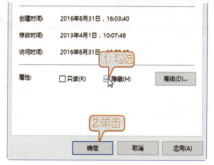

通过前面的设置，被隐藏的文件将变为浅色图标，刷新窗口或下一次进入该文件夹时就无法看到此文件了。如果需要显示被隐藏的文件，需要设置显示隐藏文件。

显示隐藏文件的方法很简单，在文件夹中切换到"查看"选项卡，然后勾选"显示/隐藏"组中的"隐藏的项目"复选框即可。

4.4.2 显示文件扩展名

文件扩展名是一个文件的重要构成部分，可用于识别文件类型。在默认设置下，文件的扩展名被隐藏起来，如果需要显示文件的扩展名，可以通过以下操作实现。

在"此电脑"窗口的菜单栏上单击"查看"按钮，展开工具面板，勾选"显示/隐藏"组中的"文件扩展名"复选框即可。

4.4.3 设置文件为只读属性

某些文档在制作完成后如果不希望被其他用户擅自修改（如Word文档、Excel表格等），可以设置文件属性为只读，这样该文件就只能被查看，而不能被修改。设置文件的只读属性只需要在文件夹窗口中用鼠标右键单击要设置的文件，然后在弹出的快捷菜单中单击"属性"命令，弹出"文件属性"对话框，勾选下方的"只读"复选框，单击"确定"按钮即可。

4.5 课堂练习

练习一：新建"宝贝照片"文件夹

▶ **任务描述：**

结合本章所学的新建文件夹、复制文件及重命名文件等知识点，练习新建一个名为"宝贝照片"的文件夹，并将相关照片复制到该文件夹中。

▶ **操作思路：**

01 新建一个文件夹，并将其命名为"宝贝照片"。
02 将电脑中与宝贝有关的图片复制到"宝贝照片"文件夹中。

03 根据需要对"宝贝照片"文件夹中的图片进行重新命名。

练习二：清空回收站

▶ **任务描述：**

　　结合本章所学对回收站内文件的还原和清空等相关知识点，练习清空回收站。

▶ **操作思路：**

01 打开回收站，还原其中被误删的文件。
02 确认回收站中无有用文件后清空回收站。

4.6 课后答疑

　　问：刚刚对一个文件进行了重命名操作，现在想重新改回去，可是又忘记了原来的文件名是什么，该怎么办？

　　答：如果进行了某项操作后又想撤销这项操作，例如，删除文件、重命名文件等，可在桌面或文件夹窗口空白处单击鼠标右键，在弹出的快捷键菜单中单击"撤销XXX"命令。

　　问：将文件删除到回收站后还要手动清空回收站，真麻烦！可以在删除文件时直接永久删除吗？

　　答：这是可以的，在删除文件时按下"Shift+Delete"组合键，然后在弹出的提示对话框中确认删除，即可一次性永久删除文件。此外，还可以改变默认的文件删除方式，方法为：用鼠标右键单击"回收站"图标，在弹出的"回收站属性"对话框中选中"不将文件移到回收站中。移除文件后立即将其删除"单选按钮，单击"确定"按钮确认，然后再执行常规的删除操作时即可立即永久删除文件了。

　　问：删除文件时，系统弹出一个对话框说无法删除，这是怎么回事啊？

　　答：这是因为要删除的文件正在被某个应用程序使用，此时应关闭正在使用该文件的应用程序，然后再进行删除操作即可。如果找不到正在使用该文件的应用程序是什么，可以重新启动电脑，然后再执行删除操作。

第 5 章
软件的安装与使用

简单来讲,使用电脑其实就是使用电脑里面的软件。除了要安装必不可少的操作系统之外,还要根据使用的需要在操作系统中安装不同类型、不同用途的应用软件。本章将介绍Windows 10操作系统中一些常用软件的安装、卸载及基本的使用方法。

本章要点:

- ❖ 安装与卸载软件
- ❖ 使用WinRAR压缩文件
- ❖ 使用百度音乐听音乐
- ❖ 使用暴风影音看电影

第5章 软件的安装与使用

5.1 安装与卸载软件

> **知识导读**
> 要在电脑中使用软件,通常需要先将其安装到操作系统中,为了节约磁盘空间,我们还需要卸载不需要的软件。下面就来学习软件的安装和卸载方法。

5.1.1 电脑中需要安装哪些软件

要在电脑中安装哪些工具软件,这取决于我们的实际需要。例如,要编辑文章,就需要安装文字处理软件;要处理图片,就需要安装图片编辑软件;要查杀电脑病毒,就要安装杀毒软件,等等。

软件并不是越多越好,只需要安装必需的软件即可。对于家用电脑来说,必须安装的软件并不多,常用的有以下几类。

- ❖ 压缩解压软件:如WinRAR、WinZip等。
- ❖ 第三方输入法:如搜狗拼音输入法、QQ拼音输入法、极点五笔输入法等。
- ❖ 办公辅助软件:如Office、金山词霸、金山快译等。
- ❖ 影音播放软件:如千千静听、暴风影音等。
- ❖ 图片浏览和处理:如ACDSee、Photoshop、CorelDRAW等。

对于需要上网的用户,可能还需要安装以下几类软件。

- ❖ 即时聊天软件:如QQ、旺旺等。
- ❖ 资源下载软件:如迅雷、快车等。
- ❖ 系统安全软件:如金山毒霸、卡巴斯基或者360安全卫士等。

5.1.2 如何安装软件

由于软件的获取方式不同,因此用户在安装软件时的操作也不同,分为从光盘安装、从硬盘安装和在线安装3种情况。

1. 光盘安装

很多正版的工具软件都是以光盘的形式出售,这类软件需要通过光盘来进行安装。操作方法为:将软件的安装光盘放入光驱,系统将自动运行光盘自带的自动播放程序,并弹出安装向导对话框,然后用户根据提示便可完成软件的安装。

> **提 示**
> 放入光盘后,如果没有自动弹出安装向导,可以打开"此电脑"窗口,在"可移动存储设备"栏双击光盘图标,打开光盘内容,然后双击其中名为"Setup"或"Autorun"的文件,也可以弹出安装向导对话框。

2. 硬盘安装

硬盘安装指将工具软件下载到硬盘上，或者从其他位置复制到硬盘上，然后双击安装文件，根据向导对话框的提示进行安装。软件的安装文件一般命名为"Setup.exe"、"Install.exe"，或者以软件本身的名称为文件名称。

有些工具软件不会修改系统设置和注册表，也不会向软件存放目录外的其他地方写入数据，即常说的绿色软件。绿色软件一般没有安装程序，只是将其运行所需的文件制作成了一个压缩包或自解压缩文件。此类软件在安装时，只需要将其解压到指定的目录，然后执行主程序即可。

3. 在线安装

在线安装是在提供在线安装的网站，直接运行安装程序进行安装。实际上在线安装也是预先将软件的安装程序下载到电脑缓存中，再开始安装，其原理和从硬盘安装相同。

5.1.3 安装时注意事项

安装工具软件时通常只需要根据安装向导的提示一步一步进行安装即可，但在安装过程中应该注意以下几点。

1. 输入序列号

序列号又叫密钥，是软件开发商为了防止软件被随意盗用而设置的一个验证码，只有拥有这个验证码才能正常安装软件。不过，并不是所有软件安装时都需要序列号，通常只有一些收费软件才需要。

在安装这类软件的过程中，会提示用户输入序列号，如果不能输入正确的序列号，则无法继续安装。获取序列号的方法如下。

- ❖ 如果是购买的软件光盘，则从光盘的包装盒或说明书中寻找。
- ❖ 如果是从网上下载的免费软件或共享软件，可以查看下载网站上的软件说明或在安装程序附带的文本文件中寻找。

2. 设置正确的安装路径

在Windows操作系统中安装某个工具软件后，将在硬盘中创建一系列文件并存放在某个文件夹中。程序的默认安装路径一般为"C:\Program Files"。

由于默认安装在系统分区中，为了避免占用系统分区的磁盘空间和系统出现故障时造成资料丢失，建议将工具软件的安装路径更改到其他分区中。

3. 避免流氓软件捆绑安装

很多工具软件，尤其是网上下载的软件，经常会捆绑一些与程序本身毫不相关的第三方软件。这类被捆绑的软件也许没有任何用处，甚至可能具备类似病毒的特征，例如，强行安装、无法卸载、影响系统稳定和窃取用户信息等，所以被称为"流氓软件"。

在工具软件的安装过程中，应仔细检查每个安装界面上是否给出了提示，若有，则需要取消勾选无用的组件和捆绑软件。

5.1.4 卸载应用软件

如果电脑中有不想使用的软件，可以将它删除，这样能够为系统清理出更多的使用空间。删除软件通常可以通过"开始"菜单和"控制面板"进行。

1. 通过"开始"菜单卸载

大多数软件安装完成后会在"开始"菜单的"所有程序"列表中添加一个菜单项，在应用程序上单击鼠标右键，在弹出的快捷菜单中单击"卸载"按钮，即可进入程序卸载页面，重新选择需要删除的程序，然后单击"卸载"按钮，最后根据提示进行操作即可完成该软件的卸载。

2. 通过"控制面板"卸载

此外，还可以通过"控制面板"中的"程序和功能"来卸载该软件。大多数软件都可以通过"控制面板"来卸载，具体操作如下。

01 单击"程序和功能"选项	02 卸载程序
打开"控制面板"窗口，在"大图标"视图模式下单击"程序和功能"选项。	① 在程序列表中选择要卸载的程序。 ② 单击上方的"卸载"按钮。

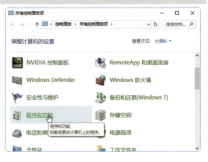 

执行以上操作后，将弹出程序卸载向导对话框，用户只需要根据向导提示即可完成软件的卸载操作。

> **提示**
> 有些软件在卸载完成后会弹出对话框提示重新启动电脑，此时单击"是"按钮重新启动电脑即可。

5.2 使用WinRAR压缩文件

知识导读
WinRAR是一款功能强大的压缩文件管理工具,可用于备份数据、缩减电子邮件附件的大小、解压缩从网上下载的RAR格式与ZIP 2.0格式的文件及其他文件,并且可以新建RAR及ZIP 格式的文件。下面将介绍此款软件的具体使用方法。

5.2.1 压缩文件

使用WinRAR不仅可以快速压缩文件和文件夹,还可以对文件进行加密压缩,以及将文件直接压缩为可执行文件。

1. 常规压缩

用WinRAR压缩文件的方法十分简单,常规的压缩方法可通过下面两种方法实现。
- 用鼠标右键单击需要压缩的文件或文件夹,在弹出的快捷菜单中单击"添加到'文件名.rar'"命令即可。
- 用鼠标右键单击需要压缩的文件或文件夹,在弹出的快捷菜单中单击"添加到压缩文件"命令,然后在弹出的"压缩文件名和参数"对话框中单击"确定"按钮即可。

2. 加密压缩

除了常用的压缩功能外,WinRAR还可以对重要的文件进行加密压缩,设置加密压缩的具体操作如下。

01 添加压缩文件

① 用鼠标右键单击需要加密的文件或文件夹。
② 在弹出的快捷菜单中单击"添加到压缩文件"命令。

02 单击"设置密码"按钮

在弹出的"压缩文件名和参数"对话框的"常规"选项卡中单击"设置密码"按钮。

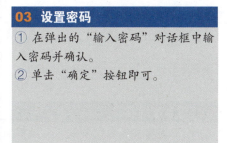

3. 压缩为可执行文件

使用WinRAR可以制作可执行的自解压文件，制作自解压文件可通过下面两种方法实现。

- 使用WinRAR压缩文件时，在"压缩文件名和参数"对话框的"常规"选项卡中勾选"创建自解压格式压缩文件"复选框，然后单击"确定"按钮。
- 对于已经制作好的RAR格式压缩文件，可以先通过WinRAR打开，然后执行"工具"→"压缩文件转换为自解压格式"菜单命令来得到EXE格式的压缩包。

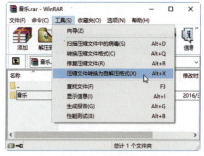

5.2.2 解压文件

使用WinRAR通过常规方法压缩文件或文件夹后，要对已压缩的对象执行解压操作，可通过下面几种方法实现。

- 用鼠标右键单击文件压缩包，在弹出的快捷菜单中单击"解压到当前文件夹"或"解压到文件名"命令即可。
- 用鼠标右键单击文件压缩包，在弹出的快捷菜单中单击"解压文件"命令，然后在弹出的"解压路径和选项"对话框中直接单击"确定"按钮即可。
- 若使用WinRAR对文件或文件夹进行的加密压缩，要对其进行解压操作，可双击加密文件或文件夹，在弹出的"输入密码"对话框中根据提示输入密码,然后单击"确定"按钮,密码输入正确后才能对其进行解压。

5.2.3 分卷压缩大文件

如果需要将一个大文件分割为几部分以便于移动,则可以使用WinRAR的分卷压缩功能,具体操作方法如下。

01 添加到压缩文件

① 用鼠标右键单击要分卷压缩的文件。
② 在弹出的快捷菜单中单击"添加到压缩文件"命令。

02 设置压缩参数

① 在"压缩文件名和参数"对话框中,展开"压缩为分卷大小"及"字节"下拉列表,选择分割文件大小。
② 单击"确定"按钮。

03 压缩完成

WinRAR将进行分卷压缩,完成后将生成名为"part01"、"part02"等多个压缩包。

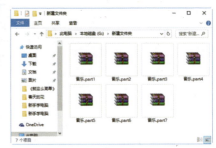

5.3 使用百度音乐听音乐

知识导读

百度音乐是一款完全免费的音乐播放软件,其集播放、音效、转换、歌词等众多功能于一身。因其小巧精致、操作简捷、功能强大等特点而深得用户喜爱。下面介绍其具体使用方法。

5.3.1 播放本地音乐

播放本地音乐是指播放保存在电脑磁盘中的音乐文件,使用百度音乐播放本地音乐文件的方法如下。

01 添加音乐文件

① 开启"百度音乐"播放软件，单击到"我的音乐"选项。
② 单击"导入歌曲"按钮。
③ 单击"导入本地歌曲"链接。

02 选择音乐

① 弹出"打开"对话框，选中要播放的一个或多个音乐文件。
② 单击"打开"按钮。

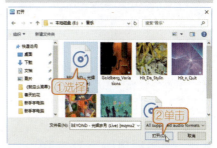

03 播放音乐

文件被添加到百度音乐，单击"播放全部"按钮即可播放音乐。通过播放面板中的控制按钮可以对播放过程进行控制，如停止播放、暂停播放、播放下一首，以及调节音量等。

5.3.2 制作播放列表

使用百度音乐播放音乐时，还可以将经常听的音乐存放在一个播放列表中，这样就可以轻松循环播放爱听的音乐了。制作播放列表的具体操作如下。

01 新建播放列表

开启"百度音乐"播放软件，单击"我的音乐"按钮，然后单击"本地歌单"右侧的"新建"按钮。

02 重命名播放列表

此时在"本地歌单"播放列表下方会显示一个名为"本地歌单XX"的列表名称,且列表名称处于可编辑状态,删除原列表名称,并输入需要的名称,然后按下"Enter"键确认即可。

制作好播放列表后,就可以按照前面介绍的方法为该播放列表添加歌曲了。如果想要删除某个已添加的播放列表,用鼠标右键在"本地歌单"窗口中单击列表名称,然后在弹出的快捷菜单中单击"删除歌单"名称命令即可。

5.4 使用暴风影音看电影

知识导读

暴风影音是一个多功能的视频播放软件,可以播放众多格式的视频文件,融合了本地播放、在线点播、在线直播、视频分享及搜索等多种服务,提供全面的视频解决方案。

5.4.1 播放本地视频

安装了暴风影音播放器后,可以播放各种格式的影片、DV短片等视频文件。在暴风影音中播放本地视频文件的方法如下。

01 单击"打开文件"按钮

启动"暴风影音"播放软件,在打开的"暴风影音"窗口中单击"打开文件"按钮。

02 选择视频文件

① 在弹出的"打开"对话框中,选择视频文件夹,单击需要播放的视频文件。
② 单击"打开"按钮。

03 播放视频

开始播放视频,通过窗口下方的各个控制按钮可以对视频的播放过程进行控制。

> **技巧**
> 如果要使用全屏模式进行观看,在播放界面中单击鼠标右键,在弹出的快捷菜单中单击"全屏"按钮即可。

5.4.2 更改播放模式

当"暴风影音"播放软件总是循环播放同一个文件时,原因是在"暴风影音"中设置了"循环播放"模式,这时就需要根据需要更改播放模式,具体操作如下。

01 单击"打开文件"按钮

启动"暴风影音"播放软件,单击窗口右下角的"打开播放列表"按钮。

02 更改播放模式

① 打开视频播放列表,单击正在播放选项卡中的"播放模式"按钮。
② 在弹出的快捷菜单中选择需要的播放模式即可。

> **技巧**
> 如果要删除显示在"播放列表"中的播放记录,直接单击窗口右上方的清空播放列表按钮即可。

5.4.3 在线播放电影

新版的暴风影音5播放软件包含"暴风盒子"组件，可以在线观看视频及影视资讯，使用暴风影音在线看电影的方法如下。

01 在线看电影

① 运行暴风影音程序，在"暴风盒子"中单击"电影"选项。
② 在"电影"页面的"类别"中选择要观看的电影类型，如单击"动作"链接。
③ 在搜索结果中单击选择要看的电影。

02 观看电影

在暴风影音主界面中即可观看到已经点播的电影。

技 巧

暴风盒子通常随暴风影音一同打开，如果没有自动打开，可单击暴风影音程序窗口右下方的"暴风盒子"按钮来开启该面板。

5.4.4 截取电影画面

当用户想把视频画面中的部分场景作为图片保存下来时，可通过"暴风影音"的截屏功能来实现。具体操作方法：单击暴风影音左下角的"工具箱"按钮，在弹出的菜单中单击"截图"按钮即可。

5.4.5 设置截图保存路径

当用户截图后，系统自动保存的路径为"C:\Users\Administrator\Pictures"，如果想要更改截图保存的路径，可按照以下操作来实现。

01 执行"高级选项"命令	02 设置保存路径
运行暴风影音程序,单击界面上方的"主菜单"按钮,在弹出的下拉菜单中单击"高级选项"命令,然后在"高级选项"对话框中,切换到"截图设置"选项卡,单击"保存路径"按钮。	① 弹出"浏览文件夹"对话框,选择保存位置。 ② 依次单击"确定"按钮保存设置即可。

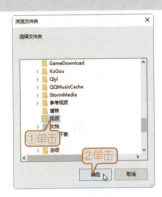

5.5 课堂练习

练习一:用暴风影音在线播放自己喜欢的电影

▶ **任务描述:**

结合本章所学的暴风影音相关知识,练习使用暴风影音在线播放自己喜欢的电影,并截取电影画面。

▶ **操作思路:**

01 运行暴风影音,在暴风盒子中搜索自己喜欢的电影并播放。
02 根据需要截取电影中的精彩画面,并设置所截图的保存路径。

练习二:用百度音乐收听自己喜欢的音乐

▶ **任务描述:**

结合本章所学在百度音乐中播放本地音乐、创建播放列表等相关知识,练习在百度音乐中播放自己喜欢的音乐,并创建一个新的播放列表。

▶ **操作思路:**

01 运行百度音乐,在音乐文件中选择自己喜欢的多首音乐并播放。
02 根据需要新建一个播放列表,并对其重新命名。

5.6 课后答疑

问：使用WinRAR压缩文件后，在解压文件时弹出提示错误的信息，而且文件也不能解压成功，这是什么原因呢？

答：如果在解压缩文件过程中提示错误，很有可能是压缩包中的数据遭到了损坏，此时可以使用WinRAR的修复功能进行修复。

问：WinRAR文件损坏了怎么办？

答：如果不小心将WinRAR压缩包损坏了，可利用WinRAR自带的修复功能进行修复，方法为：打开WinRAR窗口，在文件列表中用鼠标右键单击需要修复的文件，在弹出的快捷菜单中单击"修复压缩文件"命令，接着在弹出的"正在修复……"对话框中指定文件修复后的保存路径，并选择修复的压缩文件类型，然后单击"确定"按钮开始修复即可。

问：如何在暴风影音中载入字幕文件？

答：一些高清视频的字幕文件是单独保存的，因此需要在播放视频时手动导入，播放要手动载入字幕的视频文件，需要单击程序窗口右上角的"主菜单"按钮，在弹出的下拉菜单中依次单击"文件"→"手动载入字幕"命令。在弹出的"打开"对话框中选择对应的字幕文件，然后单击"打开"按钮即可。

第6章
Word 2016 文档编辑

在日常生活中，我们经常需要编辑和打印一些文档，如通知、房屋出租广告、合同等，而Word正是一款功能强大的文档编辑工具。掌握Word的基本使用方法，能帮助我们解决许多日常生活中的问题。

本章要点：
- Word 2016基本操作
- 文档编辑
- 美化文档
- 插入图形图像
- 插入表格
- 页面设置与打印

6.1 Word 2016基本操作

> **知识导读**
> Word 2016是Microsoft Office 2016中最常用的组件之一,主要用于编辑和处理文档。在使用Word 2016编辑文档之前,让我们先来认识它的操作界面,并了解其基本的操作,为后面的学习打下坚实的基础。

6.1.1 认识Word 2016的操作界面

启动Word 2016后,首先显示的是软件启动画面,接下来打开的窗口便是操作界面。该操作界面主要由标题栏、功能区、文档编辑区和状态栏等部分组成。

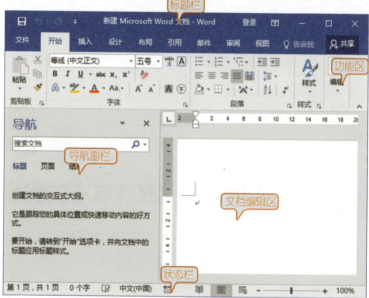

1. 标题栏

标题栏位于窗口的最上方,从左到右依次为快速访问工具栏 、正在操作的文档的名称、程序的名称、功能区显示选项按钮 和窗口控制按钮 。

- ❖ **快速访问工具栏**:用于显示常用的工具按钮,默认显示的按钮从左到右分别为"保存" 、"撤销" 和"恢复" 3个,单击这些按钮可执行相应的操作。
- ❖ **功能区显示选项按钮**:单击该按钮,将会弹出一个下拉菜单,通过该菜单,可对功能区执行隐藏功能区、显示选项卡、显示选项卡和命令等操作。

- ❖ 窗口控制按钮：从左到右依次为"最小化"按钮 ‒ 、"最大化"按钮 ▫ （或"向下还原"按钮 ▫ ）和"关闭"按钮 ✕ ，单击可执行相应的操作。

2. 功能区

功能区位于标题栏的下方，默认情况下包含"文件"、"开始"、"插入"、"设计"、"布局"、"引用"、"邮件"、"审阅"和"视图"9个选项卡，单击某个选项卡可将它展开。

每个选项卡由多个组组成，例如"开始"选项卡由"剪贴板"、"字体"、"段落"、"样式"和"编辑"5个组组成。有些组的右下角有一个小图标，我们将其称为"功能扩展"按钮，将鼠标指针指向该按钮时，可预览对应的对话框或窗格，单击该按钮，可弹出对应的对话框或窗格。

此外，当在文档中选中图片、艺术字或文本框等对象时，功能区中会显示与所选对象设置相关的选项卡。例如，在文档中选中图片后，功能区中会显示"图片工具/格式"选项卡。

有些组的右下角有一个小图标 ▫ ，我们将其称为功能扩展按钮，将鼠标指针指向该按钮时，可预览对应的对话框或窗格。

在功能区选项卡右侧有一个"告诉我你想要做什么"文本框 ▫告诉我你想要做什么 ，在其中输入操作的关键字进行搜索，可以获得Word的帮助，快速打开相关操作界面。

3. 导航窗格

在Word 2016中，无论是新建空白文档，还是打开已有的Word文档，操作界面中默认都会显示导航窗格，其位置在功能区的下方、文档编辑区的左侧。

在导航窗格的搜索框中输入内容，程序会自动迅速搜索内容。如果文档中设置了多级标题格式，还可以在此窗格中拖动文档标题以重新组织文档内容。

如果不小心将导航窗格关闭，按下"Ctrl+F"组合键可显示导航窗格。此外，在Word操作环境下按下"Ctrl+H"组合键，可打开

"查找和替换"对话框,方便查找和替换内容。

4. 文档编辑区

文档编辑区位于窗口中央,以白色显示,是输入文字、编辑文本和处理图片的工作区域,在该区域中向用户显示文档内容。

当文档内容超出窗口的显示范围时,编辑区右侧和底端会分别显示垂直与水平滚动条,拖动滚动条中的滚动块,或单击滚动条两端的小三角按钮,编辑区中显示的区域会随之滚动,从而可查看其他内容。

在早期的Word版本中,再次打开文档时可以通过按"Shift+F5"组合键将光标定位于上次关闭文档时的位置。而在Word 2016中再次打开文档时,在滚动条上将看到自动创建的标签,将鼠标指针指向标签位置,在显示的框中可提示上一次工作或浏览的页面位置,单击即可快速定位到该处。这是Word 2016的新增功能之一,这一功能对于阅读、编辑和处理长篇文档的用户来说,无疑会提高他们的工作效率。

5. 状态栏

状态栏位于窗口底端,用于显示当前文档的页数/总页数、字数、输入语言,以及输入状态等信息。状态栏的右端有两栏功能按钮,其中视图切换按钮用于选择文档的视图方式,显示比例调节工具用于调整文档的显示比例。

6.1.2 新建Word文档

文本的输入和编辑操作都是在文档中进行的,所以要进行各种文本操作必须先新建一个Word文档。

最常用的创建空白Word文档的方法是通过"开始"菜单启动,操作方法为:单击"开始"按钮,在打开的开始菜单中选择"所有应用",然后在打开的菜单中单击"Word 2016"图标启动Word 2016,在软件启动画面之后打开的Word窗口中将显示最近使用的文档和程序自带的模版缩略图预览,此时按下"Enter"键或"Esc"键,或者直接单击"空白文档"选项即可进入空白文档界面。

第6章 Word 2016 文档编辑

除了上述方法新建空白Word文档，我们还可以通过下面的方法进行创建。
- 在Word操作环境下切换到"文件"选项卡，在左侧窗格单击"新建"命令，在右侧窗格中单击"空白文档"选项即可。
- 在Word环境下，按下"Ctrl+N"组合键，可直接创建一个空白Word文档。
- 用鼠标右键单击桌面空白处，在弹出的快捷菜单中依次单击"新建"→"Microsoft Word 文档"命令，可在桌面上创建一个名为"新建 Microsoft Word 文档"的文档，双击将该文档打开，即可直接进入空白文档的操作界面。

6.1.3 保存Word文档

对文档进行相应的编辑后，可通过Word的保存功能将其存储到电脑中，以便以后查看和使用。如果不保存，编辑的文档内容就会丢失。

1. 保存新建和已有的文档

无论是新建的文档，还是已有的文档，对其进行相应的编辑后，都应进行保存，以便日后查找。例如要保存新建文档，可按下面的操作步骤实现。

01 单击"保存"选项
单击快速访问工具栏中的"保存"按钮，或者切换到"文件"选项卡，单击左侧窗格中的"保存"选项。

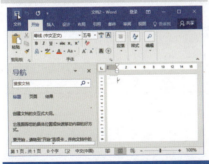

02 选择要保存的位置
此时将默认切换到"另存为"选项，在中间窗格选择要保存的位置，如选择"这台电脑"按钮。

03 单击"浏览"按钮
在右侧窗格中可以看到最近访问的文件夹，如果其中没有合适的保存位置，可单击下方的"浏览"按钮。

04 保存文档

① 弹出"另存为"对话框,设置好保存位置、文件名和保存类型。
② 单击"保存"按钮保存文档。

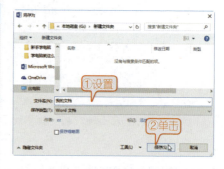

> **提示**
> 在"另存为"对话框中的"保存类型"下拉列表框中,若选择"Word 97-2003文档"选项,可将Word 2016制作的文档另存为Word 97-2003兼容模式,从而可通过早期版本的Word程序打开并编辑该文档。

对于已有的文档,在编辑过程中也需要及时保存,以防止因断电、死机或系统自动关闭等情况而造成信息丢失。已有文档与新建文档的保存方法相同,只是对它进行保存时,仅是将对文档的更改保存到原文档中,因而不会弹出"另存为"对话框,但会在状态栏中显示"Word正在保存……"的提示,保存完成后提示立即消失。

> **技巧**
> 在新建的空白文档中按下"Ctrl+S"或"Shift+F12"组合键,也将切换到"文件"选项卡中并选择"另存为"选项卡。若在已有的文档中按下此组合键,将直接在状态栏中显示保存提示并自动保存文档。

2. 将文档另存

对于已有的文档,为了防止文档的意外丢失,用户可将其进行另存,即对文档进行备份。另外,对原文档进行了各种编辑后,如果希望不改变原文档的内容,可将修改后的文档另存为一个文档。

另存文档的操作与前面保存新建文档的操作是相似的,另存文档时要注意,一定要设置与原文档不同的保存位置、不同的名称或不同的类型,否则原文档将被另存的文档所覆盖。

6.1.4 打开与关闭Word文档

编辑文档之前,必须先要打开文档,所以首先就需要学会如何关闭和打开word文档。

1. 打开word文档

打开word文档时，可以先进入该文档的存放路径，再双击文档图标即可将其打开。此外，还可以通过"打开"命令打开文档，具体操作步骤如下。

01 单击"打开"命令
在Word窗口中切换到"文件"选项卡，然后在左侧窗格中单击"打开"命令。

02 选择打开位置
右侧页面将默认显示最近使用的文档，若没有要打开的文档，可在中间窗格选择需要的选项，如单击"浏览"按钮。

03 打开文档
① 弹出"打开"对话框，找到并选中要打开的文档。
② 单击"打开"按钮即可。

> **技巧**
> 在Word工作环境下，按下"Ctrl+O"或"Ctrl+F12"组合键，可自动切换到"文件"选项卡，并默认选择"打开"选项。

2. 关闭Word文档

对文档进行了各种编辑操作并保存后，如果确认不再对文档进行任何操作，可将其关闭，以减少所占用的系统内存。关闭文档的方法有以下几种。

❖ 在要关闭的文档中，单击右上角的"关闭"按钮。
❖ 在要关闭的文档中，在标题栏单击鼠标右键，在弹出的快捷菜单中选择

"关闭"命令。
- 在要关闭的文档中，切换到"文件"选项卡，然后单击左侧窗格的"关闭"命令。
- 在要关闭的文档中，按下"Ctrl+F4"或"Alt+F4"组合键。

在关闭Word文档时，若没有对各种编辑操作进行保存，则执行关闭操作后，系统会弹出提示对话框询问用户是否对文档所做的修改进行保存，此时可根据需要进行选择性操作。

6.2 文档编辑

> **知识导读**
> 新建文档后，就可在其中输入文档内容了，而且完成内容的输入后，还可对其进行删除、复制等相关的编辑操作。

6.2.1 输入文本

掌握了Word 2016文档的基本操作后，就可在其中输入文档内容了，如输入文本内容、插入符号，以及删除文本等。

1. 定位光标

启动Word后，在编辑区中不停闪动的光标"|"便为光标插入点，光标插入点所在位置便是输入文本的位置。在文档中输入文本前，需要先定位好光标插入点，其方法主要有两种，一种是通过鼠标定位，另一种是通过键盘定位。

通过鼠标定位时，分以下两种情况。
- 在空白文档中定位光标插入点：在空白文档中，光标插入点就在文档的开始处，此时可直接输入文本。
- 在已有文本的文档中定位光标插入点：若文档已有部分文本，当需要在某一具体位置输入文本时，可将鼠标指针指向该处，当鼠标光标呈"I"形状时，单击鼠标左键即可。

通过键盘定位时，分以下几种方式。
- 按下光标移动键（↑、↓、→或←），光标插入点将向相应的方向移动。
- 按下"End"键，光标插入点向右移动至当前行行末；按下"Home"键，光标插入点向左移动至当前行行首。
- 按下"Ctrl+Home"组合键，光标插入点可移至文档开头；按下"Ctrl+End"组合键，光标插入点可移至文档末尾。
- 按下"Page Up"键，光标插入点向上移动一页；按下"Page Down"键，光标插入点向下移动一页。

2. 输入文本内容

定位好光标插入点后,切换到自己惯用的输入法,然后输入相应的文本内容即可。在输入文本的过程中,光标插入点会自动向右移动。当一行的文本输入完毕后,插入点会自动转到下一行。在没有输满一行文字的情况下,若需要开始新的段落,可按下"Enter"键进行换行,同时上一段的段末会出现段落标记"↵"。

> 北京园博会风景园林师论坛
> 为加强国际风景园林师的学术研讨与技术交流,促进风景园林行业繁荣与发展,特于第九届中国国际园林博览会期间举办风景园林师国际论坛,安排如下。
> 一、会议研讨内容
> 1. 交流园博会和设计师展园建园理念、思想
> 2. 与国际风景园林大师对话交流
> 3. 交流和展览国内外最近的设计案例
> 4. 第九届园博会参观考察
> 二、参会人员
> 各省、市学会(协会)负责同志,各级建设、城建、园林、环境等部门负责同志,设计院所、花木园林企业的负责同志和技术负责人,以及大专院校、科研机构的研究人员和技术人员。

📶 技 巧

为了使输入的内容具有层次感,可通过输入空格的方式来调整文本的显示位置。例如,要使标题文本"北京园博会风景园林师论坛"显示在中间位置,可将光标插入点定位在"北"字的前面,然后通过按空格键输入空格进行调整。

3. 删除文本

当输入了错误或多余的内容时,我们可通过以下几种方法将其删除。

- ❖ 按下"Backspace"键,可删除光标插入点前一个字符。
- ❖ 按下"Delete"键,可删除光标插入点后一个字符。
- ❖ 按下"Ctrl+Backspace"组合键,可删除光标插入点前一个单词或短语。
- ❖ 按下"Ctrl+Delete"组合键,可删除光标插入点后一个单词或短语。

📶 技 巧

选中某文本对象(例如词、句子、行或段落等)后,按下"Delete"键或"Backspace"键可快速将其删除。

6.2.2 复制与移动文本

在编辑文档的过程中,经常会遇到需要重复输入部分内容,或者将某个词语或段落移动到其他位置的情况,此时通过复制或移动操作可以大大提高文档的编辑效率。

1. 复制文本

对于文档中内容重复部分的输入，可通过复制粘贴操作来完成，从而提高文档编辑效率。复制文本的具体操作步骤如下。

01 复制文本
① 选中要复制的文本内容。
② 在"开始"选项卡的"剪贴板"组中单击"复制"按钮，将选中的内容复制到剪贴板中。

02 粘贴文本
① 将光标插入点定位在要输入相同内容的位置。
② 单击"剪贴板"组中的"粘贴"按钮即可。

在Word中完成粘贴操作后，当前位置的右下角会出现一个"粘贴选项"按钮，对其单击，可在弹出的下拉菜单中选择粘贴方式。当执行其他操作时，该按钮会自动消失。

此外，通过单击"剪贴板"组中的"粘贴"按钮执行粘贴操作时，若单击"粘贴"按钮下方的下拉按钮，在弹出的下拉列表中可选择粘贴方式，且将鼠标指针指向某个粘贴方式时，可在文档中预览粘贴后的效果。若在下拉列表中单击"选择性粘贴"选项，可在弹出的"选择性粘贴"对话框中选择其他粘贴方式。

技巧

选中文本后按下"Ctrl+C"组合键，或者使用鼠标右键对其单击，在弹出的快捷菜单中单击"复制"命令，可执行复制操作。复制文本后，按下"Ctrl+V"（或"Shift+Insert"）组合键，或者使用鼠标右键单击光标插入点所在位置，在弹出的快捷菜单中单击"粘贴"命令，可执行粘贴操作。

2. 移动文本

在编辑文档的过程中，如果需要将某个词语、句子或段落移动到其他位置，可通过剪切、粘贴操作来完成，具体操作步骤如下。

01 剪切文本

① 选中要移动的文本内容。
② 在"开始"选项卡的"剪贴板"组中单击"剪切"按钮,将选中的内容复制到剪贴板中。

02 粘贴文本

① 将光标插入点定位在要移动的目标位置。
② 单击"剪贴板"组中的"粘贴"按钮,即可看到原位置中的文本内容被移动到该处了。

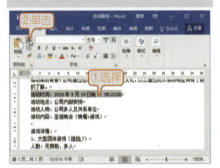

📶 技 巧

选中文本后按住鼠标左键不放并拖动,当拖动至目标位置后释放鼠标左键,可快速实现文本的移动操作。在拖动过程中,若同时按住"Ctrl"键,可实现文本的复制操作。

6.2.3 撤销与恢复文本

在编辑文档的过程中,Word会自动记录执行过的操作,当执行了错误操作时,可通过"撤销"功能来撤销前一操作,从而恢复到误操作之前的状态。当误撤销了某些操作时,可通过"恢复"功能取消之前的撤销操作,使文档恢复到撤销操作前的状态。

1. 撤销操作

在编辑文档的过程中,当出现一些误操作时,例如误删了一段文本、替换了不该替换的内容等,都可利用Word提供的"撤销"功能来执行撤销操作,其方法有以下几种。

- ❖ 单击快速访问工具栏上的"撤销"按钮 ,可撤销上一步操作,继续单击该按钮,可撤销多步操作,直到"无路可退"。
- ❖ 单击"撤销"按钮右侧的下拉按钮,在弹出的下拉列表中可选择撤销到某一指定的操作。
- ❖ 按下"Ctrl+Z"(或"Alt+ Backspace")组合键,可撤销上一步操作,继续按下该组合键可撤销多步操作。

2. 恢复操作

撤销某一操作后，可通过"恢复"功能取消之前的撤销操作，其方法有以下几种。

- ❖ 单击快速访问工具栏中的"恢复"按钮 ↻，可恢复被撤销的上一步操作，继续单击该按钮，可恢复被撤销的多步操作。
- ❖ 按下"Ctrl+Y"组合键可恢复被撤销的上一步操作，继续按下该组合键可恢复被撤销的多步操作。

3. 重复操作

在没有进行任何撤销操作的情况下，"恢复"按钮会显示为"重复"按钮 ↻，对其单击可重复上一步操作。

另外，输入词组或者设置格式后按下"Ctrl+Y"组合键，或者按下"F4"键，即可快速重复上一步操作。

6.2.4 查找与替换文本

如果想要知道某个字、词或一句话是否出现在文档中及出现的位置，可用Word的"查找"功能进行查找。当发现某个字或词全部输错了，可通过Word的"替换"功能进行替换，以避免逐一修改的烦琐，达到事半功倍的效果。

1. 查找文本

若要查找某文本在文档中出现的位置，或要对某个特定的对象进行修改操作，可通过"查找"功能将其找到。Word 2016提供了"导航"窗格，通过该窗格，可实现文本的查找。

其操作方法十分简单，只需要在"导航"窗格的搜索框中输入要查找的文本内容，文档中即可突出显示要查找的全部内容。

如果不小心关闭了"导航"窗格，要将其打开，方法为：切换到"视图"选项卡，勾选"显示"组中的"导航窗格"复选框即可。

> **提 示**
>
> 若要取消查找内容的突出显示，在"导航"窗格的搜索框中删除输入的内容即可。此外，在"导航"窗格中单击搜索框右侧的下拉按钮，在弹出的下拉菜单中单击"高级查找"命令，可在弹出的"查找和替换"对话框中逐一查找文本内容。

2. 替换文本

当发现某个字或词全部输错了，可通过Word的"替换"功能进行替换，具体操作步骤如下。

01 单击"替换"按钮

将光标插入点定位在文档的起始处,在"开始"选项卡的"编辑"组中单击"替换"按钮。

02 输入替换内容

① 弹出"查找和替换"对话框,并自动定位在"替换"选项卡,在"查找内容"文本框中输入要查找的内容。
② 在"替换"文本框中输入替换后的内容。
③ 单击"全部替换"按钮。

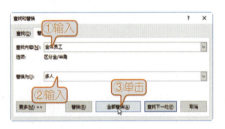

03 替换成功

Word将自动进行替换操作,替换完成后,在弹出的提示对话框中单击"确定"按钮即可。

在"查找和替换"对话框的"替换"选项卡中设置相应的内容,若单击"查找下一处"按钮,Word先进行查找,当找到查找内容出现的第一个位置时,此时可进行两种操作:若单击"替换"按钮可替换当前内容,同时自动查找指定内容的下一个位置;如果单击"查找下一处"按钮,Word会忽略当前位置,并继续查找指定内容的下一个位置。

6.3 美化文档

知识导读

在文档中输入内容后,可对其设置相应格式,如文本格式、段落格式、添加项目符号和编号等,以达到美化文档的作用。

6.3.1 设置字符格式

在Word文档中输入文本后,为了能突出重点、美化文档,可对文本设置字体、字号、字体颜色、加粗、倾斜、下画线和字符间距等格式,从而让千篇一律的文字样式变得丰富多彩。

1. 设置字体、字号和字体颜色

在Word文档中输入文本后，默认显示的字体为"宋体(中文正文)"，字号为"五号"，字体颜色为黑色，根据操作需要，可通过"开始"选项卡的"字体"组对这些格式进行更改，具体操作步骤如下。

01 设置字体

① 打开文档，选中要更改字体的文本，在"开始"选项卡的"字体"组中，单击"字体"文本框右侧的下拉按钮。
② 在弹出的下拉列表中选择需要的字体。

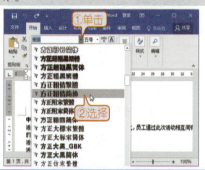

02 设置字号

① 单击"字号"文本框右侧的下拉按钮。
② 在弹出的下拉列表中选择需要的字号。

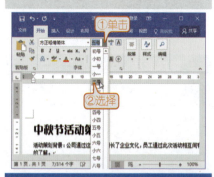

03 设置字体颜色

① 单击"字体颜色"按钮右侧的下拉按钮。
② 在弹出的下拉列表中选择需要的字体颜色。

04 查看最终效果

用同样的方法，对其他文本设置相应的文本格式，最终效果如下图所示。

2. 设置加粗或倾斜效果

在设置文本格式的过程中，有时还可以对某些文本设置加粗、倾斜效果，以达到醒目的作用。设置加粗、倾斜效果的具体操作步骤如下。

01 设置加粗效果

① 打开Word 2016文档，选中要设置加粗效果的文本。
② 单击"字体"组中的"加粗"按钮即可。

02 设置倾斜效果

① 选中要设置倾斜效果的文本。
② 单击"字体"组中的"倾斜"按钮即可。

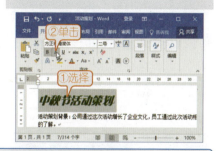

📶 技 巧

选中文本后，按下"Ctrl+B"组合键可设置加粗效果，按下"Ctrl+I"组合键可设置倾斜效果。

3. 设置上标或下标

在编辑文档的过程中，如果想输入诸如X_y^4之类的数据，就涉及设置上标或下标的方法。下面以设置X_y^4为例，具体操作方法如下。

01 设置数据上标

① 在文档中选中要设置为上标的文字，这里选"4"。
② 在"开始"选项卡的"字体"组中单击"上标"按钮。

02 设置数据下标

① 在文档中选中要设置为下标的文字，这里选中"y"。
② 在"开始"选项卡的"字体"组中单击"下标"按钮。

技巧

选中文本后按下"Ctrl+Shift+="组合键可设置为上标,按下"Ctrl+="组合键可设置为下标。

4. 为文本添加下画线

在设置文本格式的过程中,对某些词、句添加下画线,不但可以美化文档,还能让文档轻重分明、突出重点。添加下画线的具体操作步骤如下。

01 选择下画线样式

① 打开文档,选中要添加下画线的文本,单击"下画线"按钮右侧的下拉按钮。
② 在弹出的下拉列表中选择需要的下画线样式。

02 选择下画线颜色

① 保持该文本的选中状态,再次单击"下画线"按钮右侧的下拉按钮。
② 在弹出的下拉列表中单击"下画线颜色"选项。
③ 在弹出的级联列表中可以选择下画线的颜色。

提示

在"开始"选项卡的"字体"组中单击"下画线"下拉按钮,在弹出的下拉列表中只提供了8种常见的下画线样式,如果需要设置其他样式的下画线,可在下拉列表中单击"其他样式"命令,在弹出的"字体"选项卡中可设置更多样式的下画线。

6.3.2 设置段落格式

为在输入文本时,按下"Enter"键进行换行后会产生段落标记"↵",凡是以段落标记"↵"结束的一段内容便为一个段落。对文档进行排版时,通常会以段落为基本单位进行操作。段落的格式设置主要包括对齐方式、缩进、间距和行距等,合理设置这些格式,可使文档结构清晰、层次分明。

1. 设置段落缩进优化版面

为了增强文档的层次感，提高可阅读性，可对段落设置合适的缩进。段落的缩进方式有左缩进、右缩进、首行缩进和悬挂缩进4种。

- ❖ **左缩进**：指整个段落左边界距离页面左侧的缩进。
- ❖ **右缩进**：指整个段落右边界距离页面右侧的缩进。
- ❖ **首行缩进**：指段落首行第1个字符的起始位置距离页面左侧的缩进。大多数文档都采用首行缩进方式，缩进量为两个字符。
- ❖ **悬挂缩进**：指段落中除首行以外的其他行距离页面左侧的缩进。悬挂缩进方式一般用于一些较特殊的场合，如杂志、报刊等。

> **左缩进**：指整个段落左边界距离页面左侧的缩进量。指整个段落左边界距离页面左侧的缩进量。
> **右缩进**：指整个段落右边界距离页面右侧的缩进量。指整个段落右边界距离页面右侧的缩进量。
> **首行缩进**：指段落首行第1个字符的起始位置距离页面左侧的缩进量。大多文档都采用首行缩进方式，缩进量为两个字符。
> **悬挂缩进**：指段落中除首行以外的其他行距离页面左侧的缩进量。悬挂缩进方式一般用于一些较特殊的场合，如杂志、报刊等。

下面练习对文档中的段落设置"首行缩进：2字符"，具体操作方法如下。

01 单击"功能扩展"按钮

① 打开文档，选中需要设置缩进的段落。
② 在"开始"选项卡的"段落"组中单击"功能扩展"按钮。

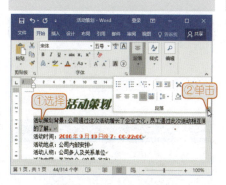

02 设置缩进量

① 弹出"段落"对话框，在"特殊格式"栏选择"首行缩进"选项。
② 单击右侧的"缩进值"微调框设置缩进量。
③ 单击"确定"按钮保存设置。

📢 提 示

通过"段落"对话框对段落设置相应的格式时，可通过"预览"框预览设置后的效果。此外，对段落设置首行缩进或悬挂缩进时，默认的缩进字符为2字符。

03 查看最终效果

返回当前文档窗口,用同样的方法对其他几个段落设置左缩进,设置后的效果如右图所示。

2. 通过对齐方式让版面更整齐

对齐方式是指段落在文档中的相对位置,段落的对齐方式有左对齐、居中、右对齐、两端对齐和分散对齐5种。

从表面上看,"左对齐"与"两端对齐"两种对齐方式没有什么区别,但当行尾输入较长的英文单词而被迫换行时,若使用"左对齐"方式,文字会按照不满页宽的方式进行排列;若使用"两端对齐"方式,文字的距离将被拉开,从而自动填满页面。

默认情况下,段落的对齐方式为两端对齐,若要更改为其他对齐方式,可按下面的操作步骤实现。

01 设置对齐方式

① 打开文档,将光标置于要设置对齐方式的段落,或选中该段落。
② 在"开始"选项卡的"段落"组中单击"右对齐"按钮。

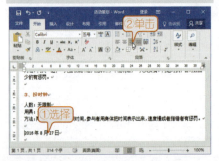

02 查看最终效果

此时,所选段落将以右对齐方式进行显示。

除了上述通过功能区设置对齐方式的方法外，还可以通过以下两种方法设置段落的对齐方式。

- 选中段落后，按下"Ctrl+L"组合键可设置"左对齐"对齐方式，按下"Ctrl+E"组合键可设置"居中"对齐方式，按下"Ctrl+R"组合键可设置"右对齐"对齐方式，按下"Ctrl+J"组合键可设置"两端对齐"方式，按下"Ctrl+Shift+J"组合键可设置"分散对齐"方式。
- 选中要设置对齐方式的段落，单击"段落"组中的"功能扩展"按钮，弹出"段落"对话框，在"常规"栏的"对齐方式"下拉列表中选择需要的对齐方式，然后单击"确定"按钮即可。

3. 通过调整段间距让段落不再紧密

为了使整个文档看起来疏密有致，可对段落设置合适的间距或行距。其中间距是指相邻两个段落之间的距离，行距是指段落中行与行之间的距离。

设置间距与行距的操作方法如下。

- 设置间距：选中要设置间距的段落，打开"段落"对话框，在"缩进和间距"选项卡的"间距"栏中，通过"段前"微调框可设置段前距离，通过"段后"微调框可设置段后距离，完成设置后单击"确定"按钮即可。
- 设置行距：选中要设置行距的段落，打开"段落"对话框，在"缩进和间距"选项卡的"间距"栏单击"行距"下拉列表框，在弹出的下拉列表中可选择段的行间距离大小，完成设置后单击"确定"按钮即可。

> **提示**
> 选中要设置行距的段落，然后单击"段落"组中的"行和段落间距"按钮，在弹出的下拉列表中也可以选择行距的大小。

通过上面的方法我们可以分别设置段前、段后的距离和行距。此外，在

Word 2016中我们可以在新增加的"设计"选项卡中一次性设计段落间距,包括段前、段后和行距,方法为:选中需要设置间距的段落,切换到"设计"选项卡,单击"文档格式"组中的"段落间距"下拉按钮,此时将鼠标指针指向弹出的下拉列表中的样式,可同时在文档中看到对应的效果,单击需要的段落间距样式即可。

6.3.3 设置边框和底纹

在制作邀请函、备忘录之类的文档时,为了能突出显示重点内容,可以对重点段落设置边框或底纹效果。下面练习对文档中的段落设置边框和底纹效果,具体操作步骤如下。

01 选择"边框和底纹"选项

① 打开文档,选中要设置边框和底纹效果的段落。
② 在"段落"组中单击"边框"按钮右侧的下拉按钮。
③ 在弹出的下拉列表中选择"边框和底纹"选项。

02 设置参数

弹出"边框和底纹"对话框,在"边框"选项卡中可设置边框的样式、颜色和宽度等参数。

03 设置底纹颜色

① 切换到"底纹"选项卡。
② 在"填充"下拉列表中选择底纹的颜色。
③ 单击"确定"按钮。

04 查看最终效果

返回文档即可查看设置后的效果。

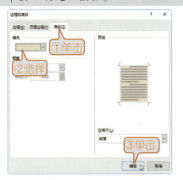

此外,对段落添加边框或底纹效果后,若要将其删除,可先选中设置了边框或底纹效果的段落,然后打开"边框和底纹"对话框,在"边框"选项卡的"设置"栏中选择"无"选项,可删除边框效果;在"底纹"选项卡的"填充"下拉列表中选择"无颜色"选项,可清除底纹效果;在"图案"下拉列表中选择"清除"选项,可清除图案底纹。

6.3.4 添加项目符号或编号

在制作规章制度、管理条例等方面的文档时,可通过项目符号或编号来组织内容,从而使文档层次分明、条理清晰。

1. 添加项目符号

项目符号是指添加在段落前的符号,一般用于并列关系的段落。为段落添加项目符号,可以更加直观、清晰地查看文本。下面练习在文档中插入项目符号,具体操作步骤如下。

01 单击下拉按钮

① 打开文档,选中需要添加项目符号的段落。
② 在"开始"选项卡的"段落"组中,单击"项目符号"按钮右侧的下拉按钮。

02 添加项目符号

在弹出的下拉列表中,将鼠标指针指向需要的项目符号时,可在文档中预览应用后的效果,对其单击即可应用到所选段落中。

📶 提 示

在含有项目符号的段落中,按下"Enter"键换到下一段时,会在下一段自动添加相同样式的项目符号,此时若直接按下"Backspace"键或再次按下"Enter"键,可取消自动添加的项目符号。

2. 添加编号

默认情况下,在以"一、"、"1."或"A."等编号开始的段落中,按下"Enter"键换到下一段时,下一段会自动产生连续的编号。若要对已经输入好的段落添加编号,可通过"段落"组中的"编号"按钮实现,具体操作步骤如下。

01 单击下拉按钮

① 打开文档,选中需要添加编号的段落。
② 在"段落"组中单击"编号"按钮右侧的下拉按钮。

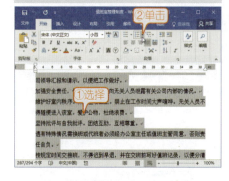

02 应用编号样式

在弹出的下拉列表中,将鼠标指针指向需要的编号样式时,可在文档中预览应用后的效果,对其单击即可应用到所选段落中。

6.3.5 编辑页眉和页脚

页眉是每个页面页边距的顶部区域，通常显示书名、章节等信息。页脚是每个页面页边距的底部区域，通常显示文档的页码等信息。对页眉和页脚进行编辑，可起到美化文档的作用，对文档设置页眉与页脚，具体操作步骤如下。

01 选择页眉样式

① 打开文档，切换到"插入"选项卡。
② 单击"页眉和页脚"组中的"页眉"按钮。
③ 在弹出的下拉列表中选择页眉样式。

02 输入页眉内容

① 所选样式的页眉将添加到页面顶端，同时文档自动进入到页眉编辑区，单击占位符可输入页眉内容。
② 完成页眉编辑后，在"页眉和页脚工具/设计"选项卡的"导航"组中单击"转至页脚"按钮，转至当前页页脚。

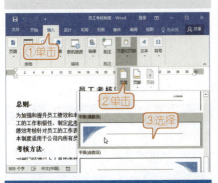

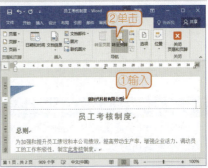

03 输入页脚内容

确定页脚样式后，在其中输入需要的页脚内容并设置好相关格式。

04 查看最终效果

双击文档编辑区的任意位置，退出页眉/页脚编辑状态，此时可查看设置页眉/页脚后的效果。

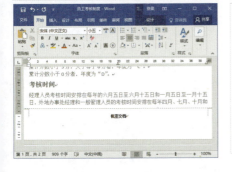

提示

在"页眉和页脚工具/设计"选项卡的"插入"组中,通过单击相应的按钮,可在页眉/页脚中插入图片、剪贴画等对象。在"选项"组中,若勾选"奇偶页不同"复选框,可分别对奇偶页设置不同效果的页眉/页脚;若勾选"首页不同"复选框,可单独对文档的首页设置页眉/页脚。

6.4 插入图形图像

知识导读

对文档进行排版时,仅仅会设置文字格式是远远不够的。如果要制作出一篇具有吸引力的精美文档,就需要在文档中插入自选图形、艺术字和图片等对象,从而实现图文混排,达到赏心悦目的效果。

6.4.1 插入联机图片

Word 2016为用户提供了丰富的联机图片,只要电脑连接了网络,就可以直接搜索想要的图片。这些图片不仅内容丰富实用,而且涵盖了用户日常工作的各个领域,插入联机图片的具体操作步骤如下。

01 单击"联机图片"按钮

① 打开文档,将光标插入点定位到需要插入剪贴画的位置。
② 切换到"插入"选项卡,单击"插图"组中的"联机图片"按钮。

02 输入并搜索关键字

① 弹出"插入图片"对话框,在"Office.com剪贴画"栏右侧的框中输入关键字。
② 单击"搜索"按钮。

技巧

如果需要选择多张联机图片插入文档中,可以在选择时勾选多张联机图片,即可同时选择数张剪贴画。

03 选择剪贴画

① 在下方搜索栏中勾选需要的剪贴画。
② 单击"插入"按钮。

04 设置剪贴画大小

返回Word文档，根据需要调整剪贴画的大小和位置即可。

6.4.2 插入图片

根据操作需要，还可在文档中插入电脑中收藏的图片，以配合文档内容或美化文档。插入图片的具体操作步骤如下。

01 单击"图片"按钮

① 打开文档，将光标插入点定位在需要插入图片的位置。
② 切换到"插入"选项卡。
③ 单击"插图"组中的"图片"按钮。

02 插入图片

① 在弹出的"插入图片"对话框中选择需要插入的图片。
② 单击"插入"按钮即可。

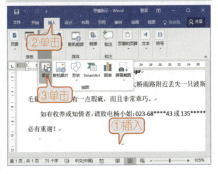

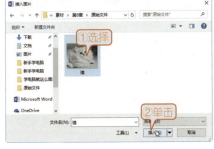

6.4.3 插入与编辑艺术字

艺术字是具有特殊效果的文字，用来输入和编辑带有彩色、阴影和发光等效果的文字，多用于广告宣传、文档标题，以达到强烈、醒目的外观效果。

1. 插入艺术字

若要插入艺术字，可按照下面的操作步骤实现。

01 选择艺术字样式

① 打开文档，切换到"插入"选项卡。
② 单击"文本"组中的"艺术字"按钮。
③ 在弹出的下拉列表中选择需要的艺术字样式。

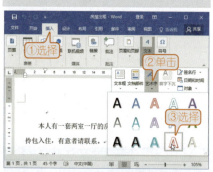

02 插入艺术字

文档中将出现一个艺术字文本框，占位符"请在此放置您的文字"为选中状态。此时可直接输入艺术字内容，或者将原本的内容删除后再输入需要的文字。

03 调整艺术字位置

将鼠标指针指向艺术字，当鼠标指针呈形状时，按住鼠标左键不放并拖动鼠标，可调整艺术字的位置。

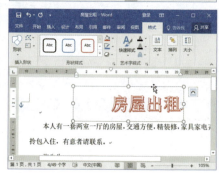

2. 编辑艺术字

在Word 2016文档中插入艺术字后，可通过"绘图工具/格式"选项卡中的"插入形状"、"形状样式"等组对艺术字文本框的格式进行设置，其操作方法与自选图形的设置方法相同。

若要对艺术字文本设置填充、文本效果等格式，可通过"绘图工具/格式"选项卡中的"艺术字样式"组实现；若要对艺术字文本设置文字方向等格式，可通过"文本"组实现。

下面练习对插入的艺术字进行美化操作，具体操作步骤如下。

01 选择发光样式

① 选中艺术字,切换到"绘图工具/格式"选项卡。
② 单击"文本效果"按钮。
③ 在弹出的下拉列表中选择"发光"选项。
④ 在弹出的级联列表中选择发光样式。

02 设置文本轮廓

① 单击"艺术字样式"组中的"文本轮廓"按钮。
② 在弹出的下拉列表中选择需要的颜色。

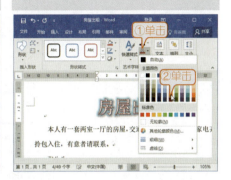

> **提示**
> 插入艺术字后,若要更改艺术字的字体格式,可先选中艺术字文本,切换到"开始"选项卡,然后在"字体"组和"段落"组中进行设置即可。

6.4.4 绘制形状图形

通过Word 2016提供的绘制图形功能,可在文档中"画"出各种样式的形状,如线条、巨型、心形和旗帜等,具体操作步骤如下。

01 选择绘图工具

① 打开文档,切换到"插入"选项卡。
② 单击"插图"组中的"形状"按钮。
③ 在弹出的下拉列表中选择需要的绘图工具。

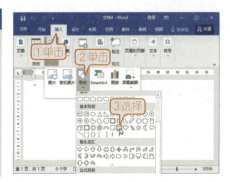

02 绘制图形

此时鼠标指针呈十字状,在需要插入自选图形的位置按住鼠标左键不放,然后拖动鼠标进行绘制,当绘制到合适大小时释放鼠标左键即可。

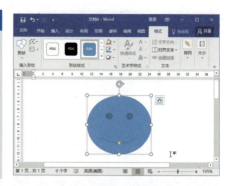

> **提示**
>
> 单击"插图"组中的"形状"按钮后,在弹出的下拉列表中用鼠标右键单击某个绘图工具,在弹出的快捷菜单中单击"锁定绘图模式"命令,可连续使用该绘图工具进行绘制。当需要退出绘图模式时,按下"Esc"键即可。

在绘制图形的过程中,若配合"Shift"键的使用可绘制出特殊图形。例如绘制"矩形"图形时,同时按住"Shift"键不放,可绘制出一个正方形。

插入自选图形并将其选中后,功能区中将显示"绘图工具/格式"选项卡,通过该选项卡,可对自选图形设置大小、样式及填充颜色等格式。

6.4.5 插入SmartArt图形

Word 2016提供了多种样式的SmartArt图形,用户可根据需要选择适当的样式插入到文档中,插入SmartArt图形的具体操作步骤如下。

01 执行"SmartArt"命令

① 打开文档,将光标插入点定位在要插入SmartArt图形的位置。
② 切换到"插入"选项卡。
③ 单击"插图"组中的"SmartArt"按钮。

02 选择图形类型与布局

① 弹出"选择SmartArt图形"对话框，在左侧列表框中选择图形类型。
② 在右侧列表框中选择具体的图形布局。
③ 单击"确定"按钮。

03 调整图形大小

所选样式的SmartArt图形将插入到文档中，选中该图形，其四周会出现控制点。将鼠标指针指向这些控制点，当鼠标指针呈双向箭头时拖动鼠标可调整其大小。

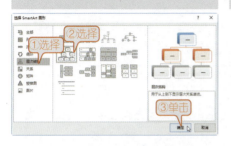

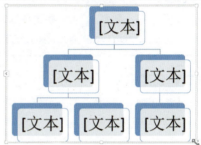

04 输入文本内容

将光标插入点定位在某个形状内，"文本"字样的占位符将自动删除，此时可输入文本内容。

6.4.6 设置图文混排

要想实现真正的图文并茂，就必须掌握图片在文本中的环绕方式。图片的环绕方式是指文字在图片周围的排列格式。

在图片上单击鼠标右键，在弹出的快捷菜单中的"自动换行"子菜单下即可设置图片的环绕方式。这里我们只介绍"嵌入型"和"四周型环绕"两种最常用的环绕方式，其他方式读者可逐个试验。

- 嵌入型：嵌入型是默认的图片插入方式。嵌入型图片相当于一个字符插入到文本中，图片和文字处于一行。嵌入型图片不能随意拖动，只能通过剪切操作来移动。
- 四周型环绕：顾名思义，四周型方式即文字紧密地排列在图片四周，图片可以随意拖动。随着图片的拖动，周边的文字将自动排列以适应图片。

6.5 插入表格

> **知识导读**
> 当需要处理一些简单的数据信息时，如课程表、简历表、通讯录和考勤表等，可在Word中通过插入表格的方式来完成。

6.5.1 创建表格

Word 2016提供了多种创建表格的方法，灵活运用这些方法，可快速在文档中创建符合要求的表格。

在Word 2016文档中插入表格的方法为：切换到"插入"选项卡，然后单击"表格"组中的"表格"按钮，在弹出的下拉列表中单击相应的选项，即可通过不同的方法在文档中插入表格。

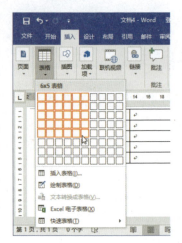

- "插入表格"栏：该栏下提供了一个10列8行的虚拟表格，移动鼠标可选择表格的行列值。例如将鼠标指针指向坐标为5列、4行的单元格，鼠标前的区域将呈选中状态，并显示为橙色，此时单击鼠标左键，可在文档中插入一个6列5行的表格。
- "插入表格"选项：单击该选项，可在弹出的"插入表格"对话框中任意设置表格的行数和列数，还可根据实际情况调整表格的列宽。
- "绘制表格"选项：单击该选项，鼠标指针呈笔状，此时可根据需要"画"出表格。
- "Excel电子表格"选项：单击该选项，可在Word 2016文档中调用Excel中的电子表格。
- "快速表格"选项：单击该选项，可快速在文档中插入特定类型的表格，如日历、双表等。

6.5.2 调整表格结构

插入表格后，功能区中将显示"表格工具/设计"和"表格工具/布局"两个选项卡，通过这两个选项卡，可对表格结构进行相应的调整，如调整行高与列宽、插入与删除单元格、合并与拆分单元格，以及应用表格样式等。

1. 调整行高与列宽

创建表格后，可通过下面的方法来调整行高与列宽。

- ❖ 调整行高：将鼠标指针指向行与行之间，待指针呈 ÷ 状时，按下鼠标左键并拖动，表格中将出现虚线，待虚线到达合适位置时释放鼠标左键即可。
- ❖ 调整列宽：将鼠标指针指向列与列之间，待指针呈 ‖ 状时，按下鼠标左键并拖动，表格中将出现虚线，待虚线到达合适位置时释放鼠标左键即可。

此外，将光标插入点定位到某个单元格内，切换到"表格工具/布局"选项卡，在"单元格大小"组中通过"高度"微调框可调整单元格所在行的行高，通过"宽度"微调框可调整单元格所在列的列宽。

> **技巧**
>
> 在"单元格大小"组中，若单击"分布行"按钮（"分布列"按钮），表格中所有行（列）的行（列）高（宽）将自动进行平均分布。

2. 插入与删除单元格

当表格范围无法满足数据的录入时，可根据实际情况插入行或列，方法为：将光标插入点定位在某个单元格内，切换到"表格工具/布局"选项卡，然后单击"行和列"组中的某个按钮，可实现相应的操作。

- ❖ "在上方插入"按钮：单击该按钮，可在当前单元格所在行的上方插入一行。

- "在下方插入"按钮：单击该按钮，可在当前单元格所在行的下方插入一行。
- "在左侧插入"按钮：单击该按钮，可在当前单元格所在列的左侧插入一列。
- "在右侧插入"按钮：单击该按钮，可在当前单元格所在列的右侧插入一列。

技巧
将光标插入点定位在某行最后一个单元格的外边，按下"Enter"键可快速在该行的下方添加一行。

有时为了使表格更加整洁、美观，可将多余的行或列删除掉，方法为：将光标插入点定位在某个单元格内，切换到"表格工具/布局"选项卡，然后单击"行和列"组中的"删除"按钮，在弹出的下拉列表中选择某个选项可执行相应的操作。

- "删除单元格"选项：选择该选项，可在弹出的"删除单元格"对话框中进行选择性操作。
- "删除列"选项：选择该选项，可删除当前单元格所在的整列。
- "删除行"选项：选择该选项，可删除当前单元格所在的整行。
- "删除表格"选项：选择该选项，可删除整个表格。

3. 合并与拆分单元格

在"表格工具/布局"选项卡中，通过"合并"组中的"合并单元格"或"拆分单元格"按钮，可对单元格进行合并或拆分操作。

- 合并单元格：选中需要合并的多个单元格，然后单击"合并单元格"按钮即可。
- 拆分单元格：选中需要拆分的某个单元格，单击"拆分单元格"按钮，在弹出的"拆分单元格"对话框中设置拆分的行列数，然后单击"确定"按钮即可。

6.5.3 复制与移动表格

在编辑文档时，有时需要制作多个相同的表格，而有时又需要将表格移动到其他位置，此时就需要对表格进行复制和移动操作。

1. 复制表格

复制表格的方法同文本类似，通常都是通过快捷菜单进行，具体方法如下。

01 复制表格
① 选中表格，然后单击鼠标右键。
② 在弹出的快捷菜单中单击"复制"命令。

02 粘贴表格
① 将光标定位到需要粘贴表格的位置，然后单击鼠标右键。
② 在弹出的快捷菜单中单击"粘贴"命令即可。

6.5.4 设置表格边框与底纹

在Word中制作表格后，为了使表格更加美观，还可对其设置边框或底纹效果，具体操作步骤如下。

01 单击"边框和底纹"选项
① 选中要设置边框和底纹效果的段落，在"段落"组中单击"边框"按钮右侧的下拉按钮。
② 在弹出的下拉列表中单击"边框和底纹"选项。

02 设置边框参数
弹出"边框和底纹"对话框，在"边框"选项卡中可设置边框的样式、颜色和宽度等参数。

> **提示**
> 在"边框和底纹"对话框的"底纹"选项卡中，还可在"图案"栏中设置底纹的样式及颜色。此外，设置好边框和底纹效果后，若在"应用于"下拉列表中选择"文字"选项，则所设置的效果将应用于文本。

6.6 页面设置与打印

知识导读
很多时候，编辑好文档后需要打印出来，要打印文档首先需要电脑安装了打印机。并且，在打印前还需要进行一些必要的设置，以确保文档能正确打印。

6.6.1 页面设置

将Word文档制作好后，用户可根据实际需要对页面格式进行设置，主要包括设置页边距、纸张大小和纸张方向等。如果只是要对文档的页面进行简单设置，可切换到"布局"选项卡，然后在"页面设置"组中通过单击相应的按钮进行设置即可。

- ❖ 页边距：页边距是指文档内容与页面边沿之间的距离，用于控制页面中文档内容的宽度和长度。单击"页边距"按钮，可在弹出的下拉列表中选择页边距大小。
- ❖ 纸张方向：默认情况下，纸张的方向为"纵向"。若要更改其方向，可单击"纸张方向"按钮，在弹出的下拉列表中进行选择。
- ❖ 纸张大小：默认情况下，纸张的大小为"A4"。若要更改其大小，可单击"纸张大小"按钮，在弹出的下拉列表中进行选择。

提 示
如果要对文档的页面进行详细设置，可单击"页面设置"组中的"功能扩展"按钮，在弹出的"页面设置"对话框中进行设置。

6.6.2 打印文档

将文档制作好后，就可以进行打印了，不过在这之前还需要进行打印预览。打印预览是指用户可以在屏幕上预览打印后的效果，如果对文档中的某些地方不满意，可返回编辑状态下对其进行修改。

对文档进行打印预览的操作方法为：打开需要打印的Word文档，切换到"文件"选项卡，然后单击左侧窗格的"打印"命令，在右侧窗格中即可预览打印效果，如下图所示。

对文档进行预览时，可通过右侧窗格下端的相关按钮查看预览内容。

- 在右侧窗格的左下角，单击"上一页"按钮可查看前一页的预览效果，单击"下一页"按钮可查看下一页的预览效果，在两个按钮之间的文本框中输入页码数字，然后按下"Enter"键，可快速查看该页的预览效果。
- 在右侧窗格的右下角，通过显示比例调节工具可调整预览效果的显示比例，以便能清楚地查看文档的打印预览效果。

> **提 示**
> 完成预览后，若还需要对文档进行修改，可单击Word窗口左上角的"返回"按钮 ⓒ，返回Word工作界面。

6.7 课堂练习

练习一：制作放假通知文档

▶**任务描述：**

结合本章所学的设置字体、字体颜色、间距等相关知识点，练习制作一篇"放假通知"文档，完成后的效果如左图所示。

▶**操作思路：**

01 新建一个空白文档，在文档中输入相应的内容，如左图所示。

02 设置字体及字体颜色。

03 设置对齐方式、间距。

04 完成操作后，将文档保存为"春节放假通知"。

练习二：编辑招生简章文档

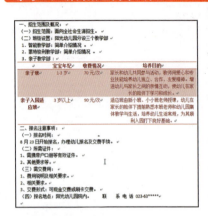

▶ **任务描述：**

　　结合本章所学的插入表格、输入表格内容、美化表格等相关知识点，对"招生简章"文档进行编辑。

▶ **操作思路：**

01 打开"招生简章"文档，在文档内的"亲子教学部"下面插入表格，并输入文本。

02 选中表格进行美化，完成后的效果如左图所示。

6.8 课后答疑

　　问：在文档编辑中，经常会遇到插入的图片过大或者只需要保留图片的某一部分的情况，不知道怎么操作才可以实现？

　　答：可以通过 Word 2016 中的图片裁剪功能实现。具体的操作步骤为：双击图片，切换到"绘图工具/格式"选项卡，在"大小"组中单击"裁剪"下拉按钮，在弹出的下拉列表中选择"裁剪"选项。鼠标指针改变了形状，同时图片四边的控制点变成线条形状，四个角的控制点变成直角形状。将鼠标指针指向控制点并按住左键进行拖动，然后按下"Enter"键即可。

　　问：文档中如果有太多的多余空行，有没有什么办法快速清除？

　　如果 Word 文档中有许多多余的空行，手动删除不仅效率低，而且还相当烦琐。我们可以用 Word 自带的替换功能来进行处理，在"查找和替换"对话框的"替换"选项卡中单击"更多"按钮展开该对话框，将光标插入点定位在"查找内容"文本框，然后单击"特殊格式"按钮，在弹出的下拉菜单中单击"段落标记"命令，此时，"查找内容"文本框中将出现"＾P"字样。用同样的方法再在"查找内容"文本框中输入一个"＾P"，在"替换为"文本框中输入"＾P"，设置完成后单击"全部替换"按钮即可。

　　问：文档中的水印是怎么添加的？

　　答：水印是指将文本或图片以水印的方式设置为页面背景。文字水印多用于说明文件的属性，如一些重要文档中都带有"机密文件"字样的水印。图片水印大多用于修饰文档，如一些杂志的页面背景通常为一些淡化后的图片。在要添加水印的文档中切换到"布局"选项卡，然后单击"页面背景"组中的"水印"按钮，在弹出的下拉列表中选择需要的水印样式即可。

第7章

Excel 2016表格处理

Excel 2016是专门用来制作电子表格的软件，使用它可以制作电子表格，完成许多复杂的数据运算。

本章将对Excel 2016的基本操作、数据的输入和公式函数的使用进行讲解。

本章要点：
- ❖ Excel 2016基本操作
- ❖ 工作表的基本操作
- ❖ 数据的输入与编辑
- ❖ 编辑行、列和单元格
- ❖ 设置单元格格式
- ❖ 公式与函数应用

7.1 Excel 2016基本操作

> **知识导读**
> Excel 2016是Microsoft Office 2016中最常用的组件之一,它主要用于编辑、处理和分析数据。在使用Excel 2016制作表格之前,让我们先来认识它的操作界面,并了解其基本的操作,为后面的学习打下坚实的基础。

7.1.1 认识Excel 2016的操作界面

在学习使用Excel 2016之前,先要对其工作界面有所了解。下面我们启动Excel 2016软件,来认识一下Excel 2016工作界面的基本构成。

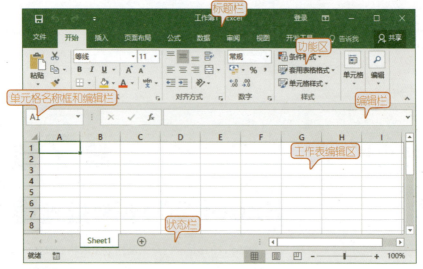

1. 标题栏

标题栏位于窗口的最上方,从左到右依次为快速访问工具栏 、正在操作的文档的名称、程序的名称和窗口控制按钮 。

- ❖ 快速访问工具栏:用于显示常用的工具按钮,默认显示的按钮有"保存" 、"撤销" 和"恢复" 3个按钮,单击这些按钮可执行相应的操作。
- ❖ 窗口控制按钮:从左到右依次为"功能区显示选项"按钮 、"最小化"按钮 、"最大化"按钮 或者"还原"按钮 和"关闭"按钮 ,单击这些按钮就可以执行相应的操作。

2. 功能区

功能区位于标题栏下方，主要包括"文件"、"开始"、"插入"、"布局"、"公式"、"数据"、"审阅"、"视图"这8个选项卡。

单击某个选项卡将展开相应的功能区，而每个选项卡的功能区又被细化为几个组。例如，"开始"选项卡由"剪贴板"、"字体"、"对齐方式"、"数字"和"样式"等组成。

单击某一组中的命令按钮，可以执行该命令按钮对应的功能或打开其对应的子菜单。例如，在"开始"选项卡中，单击"对齐方式"组中的"居中"按钮，可以设置文本的水平对齐方式为"居中"。

此外，在功能区的右侧有一个"登录"链接，单击该按钮可以打开界面登录微软账户，从而使用相关的云共享功能，将文件保存为云共享文件，随时随地登录账号即可查看并编辑被共享的文件。

> **提 示**
> 在功能区的任意命令按钮上单击鼠标右键，在弹出的快捷菜单中单击"添加到快速访问工具栏"命令，即可将该命令添加到快速访问工具栏中。

3. 单元格名称框和编辑栏

单元格名称框主要用来显示单元格名称。例如，将鼠标定位到第2行和C列相交的单元格中，就可以在单元格名称框中看到该单元格的名称，即C2单元格。

编辑栏位于单元格名称框的后方，用户可以在选定单元格后直接输入数据，也可以选定单元格后通过编辑栏输入数据。在单元格中输入的数据将同步显示到编辑栏中，并且可以通过编辑栏对数据进行插入、修改，以及删除等编辑操作。

4. 工作表编辑区

Excel工作窗口中间的空白网状区域即工作表编辑区。工作表编辑区主要由行号标志、列号标志、编辑区域、工作表标签，以及水平和垂直滚动条组成。

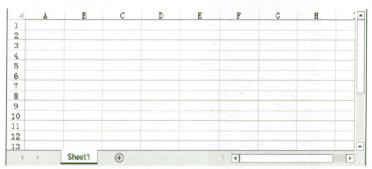

默认情况下打开的新工作簿中只有1张工作表,被命名为"Sheet1"。如果默认的工作表数量不能满足需求,则可以单击工作表标签右则的"插入工作表"按钮 ⊕ ,快速添加一个新的空白工作表。新添加的工作表将以"Sheet2"、"Sheet3"……命名。其中白色的工作表标签表示的是当前工作表。

5. 状态栏

状态栏位于窗口底端,其中主要包含了宏录制快捷按钮和用来切换文档视图和缩放比例的命令按钮。

- ❖ 宏录制工具:此按钮 表示当前未在录制任何宏,单击该按钮即可录制新宏;此按钮 表示当前正在录制宏,单击该按钮即可停止录制。
- ❖ 视图工具:在状态栏中包含了"普通"按钮 、"布局"按钮 和"分页预览"按钮 ,单击相应的按钮即可将当前工作表切换到相应的视图状态下。
- ❖ 缩放比例调整工具:在文档视图切换按钮后面的即为缩放比例调整工具。单击"缩小"按钮 — 或"放大"按钮 + ,可以以10%的比例逐步对文档进行缩小或放大显示。

> **提 示**
>
> 单击状态栏中的"缩放级别"按钮 **100%** ,可以打开"显示比例"对话框,在其中自定义文档的缩放比例。用户也可以直接拖动缩放比例调整工具中间的滑块,调整文档显示比例。

7.1.2 创建工作簿

启动Excel 2016时,程序为用户提供了多项选择,可以通过"最近使用的文档"选项快速打开最近使用过的工作簿,可以通过"打开其他工作簿"命令浏览本地计算机或云共享中的其他工作簿,还可以根据需要新建工作簿。

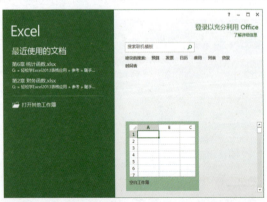

在Excel 2016中，如果要新建空白工作簿可以通过以下几种方法实现。
- 启动Excel 2016，在打开的程序窗口中单击右侧的"空白工作簿"选项。
- 在桌面或"计算机"窗口等位置的空白区域单击鼠标右键，在弹出的快捷菜单中单击"新建"命令，在打开的子菜单中单击"Microsoft Excel工作表"命令。
- 在已打开的工作簿中，切换到"文件"选项卡，单击"新建"命令，在对应的子选项卡中单击"空白工作簿"选项。

7.1.3 保存工作簿

新建一个工作簿或对工作簿进行编辑之后，一般都需要将其保存起来，以备日后使用。在保存工作簿时，用户可以根据需要选择不同的保存方式。

1. 保存新建的工作簿

新建的工作簿需要进行保存，避免丢失工作进度，造成损失。保存新建工作簿的具体操作方法如下。

01 单击"保存"按钮	
单击"快速访问工具栏"中的"保存"按钮。	

02 选择保存方式	03 保存工作簿
自动切换到"文件"选项卡的"另存为"子选项卡中，单击"浏览"按钮。	① 弹出"另存为"对话框，设置文档的保存位置、文件名和保存类型。 ② 单击"保存"按钮即可。

2. 将工作簿另存为

对原有的工作簿进行修改后,需要对其执行保存操作。保存原有工作簿有两种情况,一是直接保存,二是对其进行备份保存。

直接保存会覆盖掉原来的内容,只保存修改后的内容。直接单击"快速访问工具栏"中的"保存"按钮即可。

备份保存不影响原来工作簿中的内容,是将编辑后的工作簿作为副本另行保存到电脑中。切换到"文件"选项卡,单击左侧窗格中的"另存为"命令,然后在"另存为"子选项卡中参照保存新建工作簿的方法操作即可。

7.1.4 打开工作簿

如果要查看或编辑已有工作簿的内容,就需要打开工作簿。常用的打开工作簿的方法主要有以下几种。

- ❖ 在"计算机"窗口中,找到并双击要打开的工作簿文件。
- ❖ 在Excel 2016窗口中,切换到"文件"选项卡,在左侧的窗格中单击"打开"命令,在对应的"打开"子选项卡中选择"最近使用的工作簿"命令,在右侧的"最近使用的工作簿"窗格中单击要打开的工作簿。
- ❖ 在Excel 2016窗口中,切换到"文件"选项卡,在左侧的窗格中单击"打开"命令,在对应的"打开"子选项卡中选择"计算机"命令,在右侧的"计算机"窗格中单击"浏览"按钮,在弹出的"打开"对话框中找到并选中要打开的工作簿文件,然后单击"打开"按钮即可。
- ❖ 在登录了Office账户的情况下,在Excel 2016窗口中切换到"文件"选项卡,在左侧的窗格中单击"打开"命令,在对应的"打开"子选项卡中选择"SkyDrive"命令,在右侧的的窗格中单击"浏览"按钮,在弹出的"打开"对话框中找到并选中要打开的工作簿文件,然后单击"打开"按钮即可。

7.1.5 关闭工作簿

对工作簿进行编辑并保存后,需要将其关闭以减少内存占用空间。在Excel 2016中,关闭工作簿的方法主要有以下几种。

- ❖ 单击"控制菜单"图标,在弹出的下拉菜单中,单击"关闭"命令。
- ❖ 单击标题栏右侧的"关闭"按钮。
- ❖ 在"文件"选项卡中,单击"关闭"命令。
- ❖ 若打开了多个工作簿,执行"关闭"操作,只能关闭当前工作簿。要一次性关闭所有工作簿,可以在按住"Shift"键的同时,单击标题栏右侧的"关闭"按钮。

7.2 工作表的基本操作

知识导读

工作表是由多个单元格组合而形成的一个平面整体，是一个平面二维表格。工作表的基本操作包括选择工作表、重命名工作表、插入与删除工作表、移动与复制工作表、冻结与拆分工作表、保护工作表等。

7.2.1 选择工作表

在进行新建工作表等相关操作前，一般都需要先选择某张工作表。选择工作表的方法主要有以下几种。

- ❖ 选择单个工作表：用鼠标直接单击需要选择的工作表标签，如Sheet1、Sheet2等，即可选中相应的工作表。
- ❖ 选择全部工作表：用鼠标右键单击任一工作表标签，在弹出的快捷菜单中选择"选定全部工作表"命令。
- ❖ 选择多个连续的工作表：单击要选择的多个连续工作表的第一个工作表标签，按住"Shift"键的同时，再单击选择的多个连续工作表的最后一个工作表标签，即可同时选中它们之间的所有工作表。
- ❖ 选择多个不连续的工作表：单击要选择的多个不连续工作表的第一个工作表标签，按住"Ctrl"键，再分别单击其他要选择的工作表标签即可。

提 示

如果工作簿中的工作表较多，则只会显示部分工作表，此时可以通过工作表标签左侧的"工作表切换"按钮 ◀ ▶ ⋯ 显示工作表。

7.2.2 重命名工作表

在默认情况下，工作表以Sheet1、Sheet2、Sheet3……依次命名，在实际应用中，为了区分工作表，可以根据表格名称、创建日期、表格编号等对工作表进行重命名。重命名工作表的方法主要有以下两种。

- ❖ 在Excel窗口中，双击需要重命名的工作表标签，此时工作表标签呈可编辑状态，直接输入新的工作表名称即可。
- ❖ 用鼠标右键单击工作表标签，在弹出的快捷菜单中单击"重命名"命令，此时工作表标签呈可编辑状态，直接输入新的工作表名称。

7.2.3 移动与复制工作表

移动与复制工作表是使用Excel管理数据时较常用的操作。工作表的移动与复制操作主要分两种情况，即工作簿内操作与跨工作簿操作，下面将分别进行介绍。

1. 在同一工作簿内操作

在同一个工作簿中移动或复制工作表的方法很简单,主要是利用鼠标拖动来操作,具体操作方法如下。

- 将鼠标指针指向要移动的工作表标签,将工作表标签拖动到目标位置后释放鼠标左键即可。
- 将鼠标指针指向要复制的工作表,在拖动工作表的同时按住"Ctrl"键,至目标位置后释放鼠标左键即可。

2. 跨工作簿操作

在不同的工作簿间移动或复制工作表方法较为复杂。例如将"库存列表1"复制并粘贴到"工作簿1",其具体操作方法如下。

01 单击"移动或复制"命令

① 同时打开"库存列表1"和"工作簿1"。在"库存列表1"工作簿中用鼠标使用鼠标右键单击"库存列表"标签。
② 在弹出的快捷菜单中单击"移动或复制"命令。

02 复制并移动工作表

① 弹出"移动或复制工作表"对话框,在"工作簿"下拉列表框中选择"工作簿1",在"下列选定工作表之前"列表框中,选择移动后在"工作簿1"中的位置。
② 勾选"建立副本"复选框。
③ 单击"确定"按钮即可。

技 巧

如果用户只需要跨工作簿移动工作表而不需要复制工作表,则在"移动或复制工作表"对话框中不勾选"建立副本"复选框即可。

7.2.4 冻结与拆分工作表

当Excel工作表中含有大量的数据信息，窗口显示不便于用户查看时，可以拆分或冻结工作表窗格。

1. 拆分工作表

拆分工作表是指把当前工作表拆分成两个或者多个窗格，每一个窗格可以利用滚动条显示工作表的一部分，用户可以通过多个窗口查看数据信息。拆分工作表、调整拆分窗格大小、取消拆分状态的具体操作方法如下。

01 单击"拆分"按钮

① 打开工作簿，鼠标单击其中一个单元格，例如D6单元格。
② 单击"视图"选项卡的"窗口"组中的"拆分"按钮。

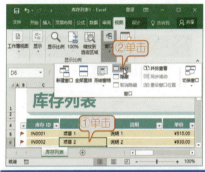

02 拆分工作表

鼠标指针指向拆分条，当鼠标指针变为 ✥ 或 ‖ 形状时，按住鼠标左键拖动拆分条，即可调整各个拆分窗格的大小。

03 取消拆分

用鼠标双击水平和垂直拆分条的交叉点，即可取消工作表的拆分状态。

> **提 示**
> 将鼠标指针指向水平或垂直拆分条，鼠标指针呈 ✥ 或 ‖ 形状时，双击水平或垂直拆分条，可取消该拆分条。

2. 冻结工作表

"冻结"工作表后,工作表滚动时,窗口中被冻结的数据区域不会随工作表的其他部分一起移动,始终保持可见状态,可以更方便地查看工作表的数据信息。在Excel 2016中,冻结工作表、取消冻结工作表的具体操作方法如下。

01 单击"冻结拆分窗格"命令

① 打开工作簿,选中D8单元格。
② 在"视图"选项卡中的"窗口"组中单击"冻结窗格"→"冻结拆分窗格"命令。

02 取消冻结

此时拖动垂直与水平滚动条,首行与首列将保持不变。单击"冻结窗格"下拉菜单中的"取消冻结窗格"命令,即可取消冻结。

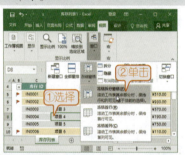

> **提 示**
> 在"冻结窗格"下拉菜单中,可以看到"冻结首行"和"冻结首列"命令,执行这两项命令,可以分别冻结工作表的首行或首列。

7.3 数据的输入与编辑

知识导读
Excel表格主要是用来处理及分析数据的,因此数据的输入是最基本的操作。完成数据的输入后,还可以对其进行复制、删除和替换等操作,接下来将对这些操作进行讲解。

7.3.1 选择单元格

在对单元格进行编辑之前首先要将其选中。选择单元格的方法有很多种,下面就分别进行介绍。

- 选中单个单元格:将鼠标指向该单元格,单击即可。
- 选择连续的多个单元格:选中需要选择的单元格区域左上角的单元格,然后按下鼠标左键拖拉到需要选择的单元格区域右下角的单元格后释放鼠标左键即可。

📢 提 示

在Excel中,由若干个连续的单元格构成的矩形区域称为单元格区域。单元格区域用其对角线的两个单元格来标识。例如从A1到E9单元格组成的单元格区域用A1:E9标识。

- ❖ 选择不连续的多个单元格:按下"Ctrl"键,然后使用鼠标分别单击需要选择的单元格即可。
- ❖ 选择整行(列):使用鼠标单击需要选择的行(列)序号即可。

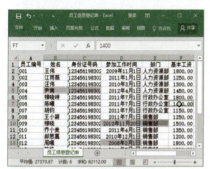 

📢 提 示

选中需要选择的单元格区域左上角的单元格,然后在按下"Shift"键的同时单击需要选择的单元格区域右下角的单元格,可以选定连续的多个单元格。

- ❖ 选择多个连续的行(列):按住鼠标左键,在行(列)序号上拖动,选择完成后释放鼠标左键即可。
- ❖ 选择多个不连续的行(列):在按住"Ctrl"键的同时,用鼠标分别单击行(列)序号即可。

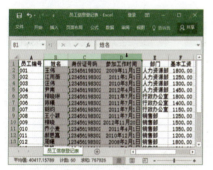 

- ❖ 选中所有单元格:单击工作表左上角的行标题和列标题的交叉处,可以快速地选中整个工作表中的所有单元格。

> **技 巧**
> 按下"Ctrl+A"组合键,也可以快速选择整个工作表中所有的单元格。

7.3.2 输入数据

Excel中的数据输入主要包括输入文字、数字和符号,下面将分别介绍输入方法。

1. 输入文本

文本是Excel表格中重要的数据类型,它可以用来说明表格中的其他数据。在表格中输入文本的常用方法有3种:选择单元格输入、双击单元格输入和在编辑栏中输入。

- ❖ 选择单元格输入:选择需要输入文本的单元格,然后直接输入文本,完成后按"Enter"键或单击其他单元格即可。
- ❖ 双击单元格输入:双击需要输入文本的单元格,将光标插入到其中,然后在单元格中输入文本,完成后按"Enter"键或单击其他单元格即可。
- ❖ 在编辑栏中输入:选择单元格,然后在编辑栏中输入文本,单元格中也会随之自动显示输入的文本。

> **技 巧**
> 在单元格中输入数据后,按"Tab"键,可以自动将光标定位到所选单元格右侧的单元格中。例如,在"C1"中输入数据后,按下"Tab"键,光标将自动定位到"D1"单元格中。

2. 输入数字

数字是Excel表格中最重要的组成部分。在单元格中输入普通数字的方法与输入文本的方法相似,即选择单元格,然后输入数字,完成后按"Enter"键或单击其他单元格即可。

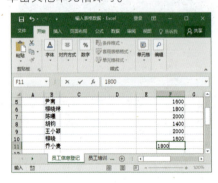

📶 提 示

为了精确显示数据，有时需将整数数据显示为小数数据，这时可在单元格中输入数据后，单击"开始"选项卡的"数字"组中的"增加小数位数"按钮或"减少小数位数"按钮逐个增加或减少小数位数。

3. 输入特殊符号

在制作表格时有时需要插入一些特殊符号，如"#"，"*"和"★"等。这些符号有些可以通过键盘输入，有些却无法在键盘上找到与之匹配的键位，此时可通过Excel的插入符号功能输入。

例如，在"员工信息登记表"中，员工"汪伟"还处于试用期，为区分在"备注"列中输入一个特殊符号，具体操作方法如下。

01 单击"符号"按钮	02 插入符号
① 打开工作簿，选中G4单元格。 ② 切换到"插入"选项卡，单击"符号"组中"符号"按钮。	① 弹出"符号"对话框，在其中找到需要的符号后双击，插入符号。 ② 单击"关闭"按钮关闭该对话框。

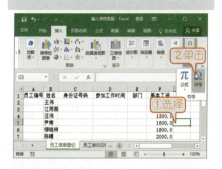 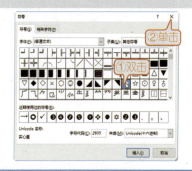

📶 提 示

如果要插入"长划线"、"商标"、"小节"和"段落"等特殊字符，则可以打开"符号"对话框，切换到"特殊字符"选项卡，在其中找到并双击需要的字符，然后关闭"符号"对话框即可。

7.3.3 修改数据

在工作表中输入数据时，难免会出现错误。若发现输入的数据有误，可以根据实际情况进行修改，包括修改单元格中部分数据、修改全部数据、撤销与恢复数据等。

1. 修改单元格中部分数据

对于比较复杂的单元格内容,如公式,很可能遇到只需要修改很少一部分数据的情况,此时可以通过下面两种方法进行修改。

- ❖ 双击需要修改数据的单元格,单元格处于编辑状态,此时将光标定位在需要修改的位置,将错误字符删除并输入正确的字符,输入完成后按"Enter"键确认即可。
- ❖ 选中需要修改数据的单元格,将光标定位在"编辑栏"中需要修改的字符位置,然后将错误字符删除并输入正确的字符,完成后按"Enter"键确认。

> **提 示**
> 在进行数据修改时,关闭"NumLock"指示灯,然后按下"Insert"键,可以在"插入"模式和"改写"模式间进行转换。

2. 修改全部数据

对于只有简单数据的单元格,我们可以修改整个单元格内容。方法为:选中需要重新输入数据的单元格,在其中直接输入正确的数据,然后按下"Enter"键确认,Excel将自动删除原有数据而保留重新录入的数据。

此外,若双击需要修改的单元格,光标将定位在该单元格中,此时需要将原单元格中的数据删除后才能进行输入。

3. 撤销与恢复数据

对于执行错误操作的数据,此时可以通过撤销操作让表格还原到执行错误操作前的状态。方法很简单,单击"快速访问工具栏"中的"撤销"按钮 ⤺ 即可。

恢复操作就是让表格恢复到执行撤销操作前的状态。只有执行了撤销操作后,"恢复"按钮才会变成可用状态。恢复操作的方法和撤销操作的方法类似,单击"快速访问工具栏"中的"恢复"按钮 ⤻ 即可。

> **技 巧**
> 若表格编辑步骤很多,在执行撤销或恢复操作时,单击"撤销"按钮 ⤺ 或"恢复"按钮 ⤻ 旁边的下拉按钮,然后在打开的下拉菜单中,单击需要撤销的操作,可以快速撤销多个操作或恢复多个操作。

7.3.4 为单元格添加批注

批注是附加在单元格中的,它是对单元格内容的注释,使用批注可以使工作表的内容更加清楚明了。下面以"员工信息登记表"为例,为单元格添加批注,具体操作方法如下。

01 单击"插入批注"命令

① 打开工作簿，用鼠标右键单击要添加批注的单元格，如G5单元格。
② 弹出快捷菜单，单击"插入批注"命令。

02 输入批注内容

此时G5单元格中的批注显示出来并处于可编辑状态，可根据需要输入批注内容进行编辑。

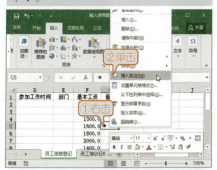

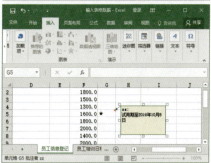

03 查看完成效果

输入完成后，单击工作表中的其他位置，即可退出批注的编辑状态。由于默认情况下批注为隐藏状态，在添加了批注的单元格的右上角会出现一个红色的小三角，将光标指向单元格右上角的红色小三角，可以查看被隐藏的批注。

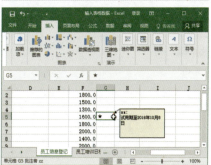

7.4 编辑行、列和单元格

知识导读

在单元格中输入数据后，有时还可以根据实际需要对行、列和单元格进行相应的编辑操作，如插入行、列和单元格，设置行高与列宽等，接下来将分别对这些操作进行讲解。

7.4.1 插入行或列

一个工作表创建之后并不是固定不变的，用户可以根据实际情况重新设置工作表的结构。例如根据实际情况插入行或列，以满足使用需求。

1. 通过右键（快捷）菜单插入

在Excel 2016中，用户可以通过右键（快捷）菜单插入行或列，具体操作方法为：用鼠标右键单击要插入行所在行号，在弹出的快捷菜单中单击"插入"命令即可。完成后将在选中行上方插入一整行空白单元格。同理，用鼠标右键单击某个列标，在弹出的快捷菜单中单击"插入"命令，可以插入一整列空白单元格。

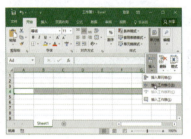 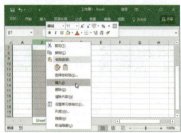

2. 通过功能区插入

在Excel 2016中，还可以通过功能区插入行或列，具体操作方法为：单击要插入行所在行号，单击"开始"选项卡，在"单元格"组中的"插入"下拉按钮，在弹出的下拉菜单中单击"插入工作表行"命令即可。完成后将在选中行上方插入一整行空白单元格。

> 📶 **技 巧**
> 先选中多行或多列单元格，然后执行"插入"命令，可以一次性快速插入多行或多列。

7.4.2 设置行高和列宽

在默认情况下，行高与列宽都是固定的，当单元格中的内容较多时，可能无法将其全部显示出来，这时就需要设置单元格的行高或列宽了。

1. 设置精确的行高与列宽

在Excel 2016中，用户可以根据需要设置精确的行高与列宽，具体操作方法为：在工作簿中选中需要调整的行或列，单击鼠标右键，在弹出的快捷菜单中单击"行高"（列宽）命令，在弹出的"行高"（列宽）对话框中输入精确的行高（列宽）值，然后单击"确定"按钮即可。

 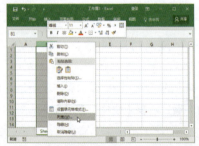

2. 使用鼠标移动或复制单元格

用户还可以使用鼠标移动或复制单元格，但这种方法比较适用于源区域与目标区域相距较近时。

使用鼠标移动单元格的具体操作方法为：在工作簿中选中需要移动的单元格，将光标指向该单元格的边缘，当鼠标指针将变为此形状时按下鼠标左键并拖动，此时会有一个虚线框指示移动的位置，将虚线框拖动到达目标位置，释放鼠标左键即可。

此外，需要复制单元格时，则选中要复制的单元格，在按住"Ctrl"键的同时拖动鼠标到目标位置，然后释放鼠标左键即可。

7.4.3 隐藏或显示行与列

用户在编辑工作表时，除了可以在工作表中插入或删除行和列外，还可以根据需要隐藏或显示行和列。

1. 隐藏行和列

如果工作表中的某行或某列暂时不用，或是不愿意让别人看见，可以将这些行或列隐藏。隐藏指定行或列的具体操作方法为：选中要隐藏的行或列，在选中部分单击鼠标右键，在弹出的快捷菜单中单击"隐藏"命令即可。

2. 显示行和列

如果想取消隐藏，即重新显示被隐藏的行或列外，需要先选中被隐藏的行或列邻近的行或列，然后单击鼠标右键，在弹出的快捷菜单中单击"取消隐藏"命令即可。

7.4.4 删除行、列和单元格

在Excel 2016中除了可以插入行或列，还可以根据实际需要删除行或列。删除行或列的方法，与删除单元格的方法相似，主要有以下两种。

- ❖ 选中想要删除的行或列，单击鼠标右键，在弹出的快捷菜单中单击"删除"命令即可。
- ❖ 选中想要删除的行或列，在"开始"选项卡中，单击"单元格"组中的

"删除工作表行"或"删除工作表列"命令即可。

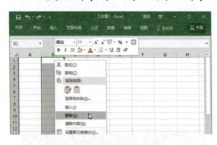 

7.4.5 合并与拆分单元格

合并单元格是将两个或多个单元格合并为一个单元格,在Excel中这是一个常用的功能。选中要合并的单元格区域,单击"开始"选项卡的"对齐方式"组中的"合并后居中"按钮旁的下拉按钮,在弹出的下拉菜单中选择相应的命令即可合并或拆分单元格。

下拉菜单中的各个命令具体含义如下。

- ❖ "合并后居中"命令:将选择的多个单元格合并为一个大的单元格,并且将其中的数据自动居中显示。
- ❖ "跨越合并"命令:选择该命令可以将同行中相邻的单元格合并。
- ❖ "合并单元格"命令:选择该命令可以将单元格区域合并为一个大的单元格,与"合并后居中"命令类似。
- ❖ "取消单元格合并"命令:选择该命令可以将合并后的单元格拆分,恢复为原来的单元格。

7.5 设置单元格格式

> **知识导读**
> 在表格中输入数据后,还可以对其设置相应的格式,如文本格式、数字格式、对其方式等,从而达到更好的视觉效果。

7.5.1 设置文本格式

在Excel 2016中输入的文本字体默认为宋体。为了制作出美观的电子表格,用户可以更改工作表中单元格或单元格区域中的字体、字号或颜色等文本格式。设置文本格式的方式有以下几种。

- 通过浮动工具栏设置：双击需设置字体格式的单元格，将光标插入其中，拖动鼠标左键，选择要设置的字符，并将鼠标光标放置在选择的字符上。片刻后将出现一个半透明的浮动工具栏，将鼠标光标移到上面，浮动工具栏将变得不透明，在其中可设置字符的字体格式。
- 通过"字体"组设置：选择要设置格式的单元格、单元格区域、文本或字符，在"开始"选项卡中的"字体"组中可执行相应的操作来改变字体格式。
- 通过"设置单元格格式"对话框设置：单击"字体"组右下角的"功能扩展"按钮，打开"设置单元格格式"对话框，在"字体"选项卡中根据需要设置字体、字形、字号，以及字体颜色等格式。

7.5.2 设置数字格式

在Excel 2016中输入数字后可根据需要设置数字的格式，如常规格式、货币格式、会计专用格式、日期格式和分数格式等。数字格式的设置方法与字体格式的设置方法相似，都可以通过"组"和"对话框"进行设置。

- 通过"数字"组设置：选择要设置格式的单元格、单元格区域、文本或字符。在"开始"选项卡中的"数字"组中执行相应的操作即可。
- 通过"设置单元格格式"对话框设置：单击"数字"组右下角的"功能扩展"按钮，打开"设置单元格格式"对话框，在"数字"选项卡中根据需要设置数字格式即可。

7.5.3 设置对齐方式

在Excel单元格中，文本默认为左对齐，数字默认为右对齐。为了保证工作表中数据的整齐，可以为数据重新设置对齐方式，该操作主要在"对齐方式"组中完成，其相应按钮的含义如下。

- ❖ "顶端对齐"按钮：单击该按钮，数据将靠单元格的顶端对齐。
- ❖ "垂直居中"按钮：单击该按钮，使数据在单元格中上下居中对齐。
- ❖ "底端对齐"按钮：单击该按钮，数据将靠单元格的底端对齐。
- ❖ "左对齐"按钮：单击该按钮，数据将靠单元格的左端对齐。
- ❖ "居中"按钮：单击该按钮，数据将在单元格中左右居中对齐。
- ❖ "右对齐"按钮：单击该按钮，数据将靠单元格的右端对齐。

> **提 示**
>
> 单击"开始"选项卡的"对齐方式"组右下角的"功能扩展"按钮，在弹出的"设置单元格格式"对话框中的"对齐"选项卡中也可以设置数据对齐方式。

7.6 公式与函数应用

> **知识导读**
>
> Excel不仅是编辑表格的工具，也是进行数据运算和数据分析处理的工具，本节将为大家介绍公式和函数在Excel中的使用方法。

7.6.1 输入公式

Excel中的公式是对工作表中的数据进行计算的等式，它以等号"="开始，其后是公式的表达式，通过它可对工作表中的数值进行加、减、乘和除等各种运算。公式与数据的输入方法相似，选中目标单元格后直接输入或在编辑栏中输入即可。

输入公式时，还应遵循特定的语法顺序，即先输入等号"="，再依次输入参与计算的参数和运算符。其中，参数可以是常量数值、函数、引用的单元格或单元格区域等，运算符是数学中常见的加号"+"、减号"-"等，只是某些符号的表达方式略有不同。常用的运算符主要有加号"+"、减号"-"、乘号"*"、除号"/"、乘方"^"，以及百分号"%"等。

下面通过具体实例说明如何通过公式来计算表格中的数据，具体操作步骤如下。

01 手动输入公式

打开"职工工资统计表"工作簿，在F4单元格内输入公式"=C4+D4+E4"。

02 得出计算结果

按下"Enter"键，即可在F4单元格中显示计算结果。

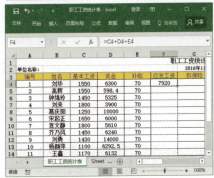

7.6.2 复制公式

在Excel中创建了公式后，如果想要将公式复制到其他单元格中，可以参照复制单元格数据的方法进行复制。具体操作方法如下。

- 将公式复制到一个单元格中：选中需要复制的公式所在的单元格，按下"Ctrl+C"组合键，然后选中需要粘贴公式的单元格，按下"Ctrl+V"组合键即可完成公式的复制，并显示出计算结果。
- 将公式复制到多个单元格中：选中需要复制的公式所在的单元格，将光标指向该单元格的右下角，当鼠标指针变为黑色十字形状✚时按住鼠标左键并向下拖动，拖至目标单元格时释放鼠标左键，即可将公式复制到鼠标指针所经过的单元格中，并显示出计算结果。

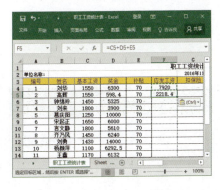
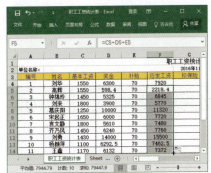

7.6.3 单元格的引用

在使用公式计算数据时，通常会用到单元格的引用。引用的作用在于标识工作表上的单元格或单元格区域，并指明公式中所用的数据在工作表中的位置。在引用单元格时，主要分相对引用、绝对引用和混合引用3种情况。

1. 相对引用

使用相对引用，单元格引用会随公式所在单元格的位置变更而改变。如在相对引用中复制公式时，公式中引用的单元格地址将被更新，指向与当前公式位置相对应的单元格。

例如按7.6.2小节所介绍的方法，将"职工工资统计表"中F5单元格的公式通过"Ctrl+C"组合键和"Ctrl+V"组合键复制到粘贴F6单元格。可以看到，F6单元格中的公式更新为"=C6+D6+F6"，其引用指向了与当前公式位置相对应的单元格。

2. 绝对引用

对于使用了绝对引用的公式，被复制或移动到新位置后，公式中引用的单元格地址保持不变。需要注意在使用绝对引用时，应在被引用单元格的行号和列标之前分别加入符号"$"。按"F4"键即可使单元格地址在相对引用、绝对引用与混合引用之间进行切换。

仍以"职工工资统计表"为例：选中F5单元格，在编辑栏中将鼠标光标定位到"C5"后，按"F4"键，即在其行号和列标前加入了符号"$"。用同样的方法在"D5"、"E5"的行号和列标前插入符号"$"，公式就转换成了"=$C$5+$D$5+$E$5"。此时再将F5单元格中的公式复制到F6单元格中，可以发现两个单元格中的公式一致，并未发生任何改变。

3. 混合引用

混合引用是指相对引用与绝对引用同时存在于一个单元格的地址引用中。如果公式所在单元格的位置改变，相对引用部分会改变，而绝对引用部分不变。混合引用的使用方法与绝对引用的使用的方法相似。

以"职工工资统计表"为例：选中F5单元格，在编辑栏中将鼠标光标定位到单元格地址，如"E5"之中，然后按"F4"键，将公式转换并修改成"=C5+D5+E$5"，此时再将F5单元格中的公式复制粘贴到F6单元格中，可以发现两个公式中使用了相对引用的单元格地址改变了，而使用绝对引用的单元格地址将不变。

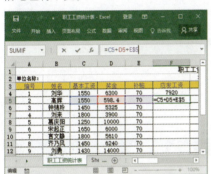

7.6.4 输入一般函数

在工作表中使用函数计算数据时，如果对所使用的函数及其参数类型比较熟悉，可直接输入函数。此外，也可以通过"插入函数"对话框选择插入需要的函数。

1. 通过编辑栏输入

如果知道函数名称及语法，可直接在编辑栏内按照函数表达式输入。

具体方法为：选择需要输入函数的单元格，单击鼠标左键编辑，输入等号"="，然后输入函数名和左括号，紧跟着输入函数参数，最后输入右括号。函数输入完成后单击编辑栏上的"输入"按钮或按下"Enter"键即可。

例如，在单元格内输入"=SUM（F2:F5）"，意为对F2到F5单元格区域中的数值求和。

2. 通过快捷按钮插入

对于一些常用的函数式，如求和（SUM）、平均值（AVERAGE）、计数（COUNT）等，可以利用"开始"或"公式"选项卡中的快捷按钮来实现输入。下面以求和函数为例，介绍通过快捷按钮插入函数的方法。

❖ 利用"开始"选项卡快捷按钮：选中需要求和的单元格区域，单击"开始"选项卡的"编辑"栏中的"自动求和"下拉按钮,在弹出的下拉菜单中选择"求和"命令即可。

❖ 利用"公式"选项卡快捷按钮:选中需要显示求和结果的单元格,然后切换到"公式"选项卡。在"函数库"组中单击"自动求和"下拉按钮,在弹出的下拉菜单中单击"求和"命令,然后拖动鼠标选中作为参数的单元格区域,按下"Enter"键即可将计算结果显示到该单元格中。

3. 通过"插入函数"对话框输入

如果对函数不熟悉,那么使用"插入函数"对话框将有助于工作表函数的输入,具体操作方法如下。

01 单击"插入函数"按钮

① 打开"职工工资统计表"工作簿,选中要显示计算结果的单元格,如F4单元格。
② 单击编辑栏中的"插入函数"按钮 f_x。

02 选择函数

① 弹出"插入函数"对话框,在"或选择类别"下拉列表框中选择函数类别,默认为"常用函数",在"选择函数"列表框中选择需要的函数,如"SUM"求和函数。
② 单击"确定"按钮。

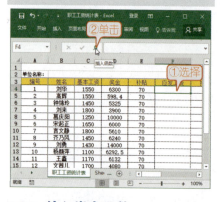 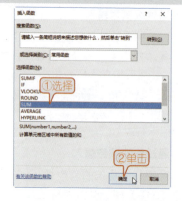

7.6.5 输入嵌套函数

使用一个函数或者多个函数表达式的返回结果作为另外一个函数的某个或

多个参数,这种应用方式的函数称为嵌套函数。

例如函数式"=IF(AVERAGE(A1:A3) >20,SUM(B1:B3),0)",即一个简单的嵌套函数表达式。该函数表达式的意义为:在"A1:A3"单元格区域中数字的平均值大于20时,返回单元格区域"B1:B3"的求和结果,否则将返回"0"。

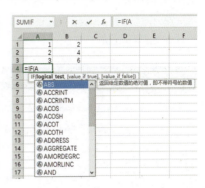

嵌套函数一般通过手动输入,输入时可以利用鼠标辅助引用单元格。以上面的函数式为例,输入方法为:选中目标单元格,输入"=IF(",然后输入作为参数插入的函数的首字母"A",在出现的相关函数列表中双击函数"AVERAGE",此时将自动插入该函数及前括号,函数式变为"=IF(AVERAGE(",手动输入字符"A1:A3) >20,",然后仿照前面的方法输入函数"SUM",最后输入字符"B1:B3),0)",按下"Enter"键即可。

7.7 课堂练习

练习一:制作员工考勤表

▶**任务描述**:

本节将制作一个"员工考勤表",目的在于使用本章所学的知识,在实践中熟练数据的输入与编辑。

▶**操作思路**:

01 新建一个名为"员工考勤表"的工作簿。
02 按照最终效果文件输入表格内容(输入时注意填充柄的利用和特殊符号的插入)。
03 按照最终效果文件合并单元格,并根据需要调整行高与列宽。
04 在单元格中插入批注,输入批注内容为"病假"。
05 保存并关闭工作簿。

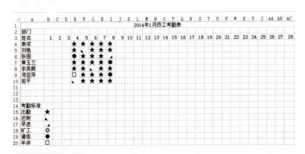

练习二：编辑员工信息登记表

▶ **任务描述：**

本节对"员工信息登记表"进行编辑，目的在于使用本章所学的知识，在实践中熟练Excel的基本操作。

▶ **操作思路：**

01 打开"员工信息登记表"工作簿，另存为"员工信息登记表1"。
02 重命名工作表标签，并更改颜色。
03 为标题行设置"合并后居中"，并根据需要调整行高与列宽。
04 冻结工作表的第1行、第2行和A列，便于查看。
05 保存并关闭工作簿。

7.8 课后答疑

问：如何在单元格中输入身份证号码？

答：在单元格中输入超过11位的数字时，Excel会自动使用科学记数法来显示该数字，比如在单元格中输入了数字"1357924681012"，该数字将显示为"1.35792E+12"。

如果要在单元格中输入15位或18位的身份证号码，需先将这些单元格的数字格式设置为文本格式。选中要输入身份证号码的单元格或单元格区域，在"开始"选项卡的"数字"组的"数字格式"下拉列表中选择"文本"选项。

问：如何输入以"0"开头的编号？

答：默认情况下，在单元格中输入"0"开头的数字时，Excel会把它识别成纯数字，从而直接省略掉前面的"0"。例如，在单元格中输入序号"001"时，Excel会自动将它转换为"1"。如果想在单元格中输入以"0"开头的编号，也需要先将这些单元格的数字格式设置为文本格式，或者在输入编号前先输入一个英文状态下的单引号，再输入诸如"001"、"002"……之类的编号。

问：怎样才能删除公式而只保留计算结果？

答：通常情况下，在工作表中选中含公式的单元格后按下"Delete"键，会将该单元格中的公式与计算结果一起删除，如果希望只删除公式而保留计算结果，可通过复制粘贴功能实现。方法是：复制公式，选中要粘贴结果的单元格或单元格区域，然后在"剪贴板"组中单击"粘贴"按钮下方的下拉按钮，在弹出的下拉列表中单击"粘贴数值"栏中的"值"选项即可。

第8章

畅游Internet

如今网络已经深入到了人们生活之中,通过网络不仅可以浏览网页,还可以搜索和下载资源。本章将讲解网络连接、使用IE浏览网页,以及网络资源的搜索与下载等相关知识。

本章要点:
- ❖ IE浏览器的基本使用
- ❖ 搜索网络信息
- ❖ 下载网络资源

8.1 IE浏览器的基本使用

> **知识导读**
> 网页是一种包含文字、图片、音乐，以及视频等多媒体信息的页面。Windows操作系统自带的浏览网页工具是IE浏览器，下面介绍使用IE浏览器浏览网页的方法。

8.1.1 使用IE浏览器浏览网页

浏览网页是上网时最常用、最基本的操作，Internet中丰富的信息资源都是以网页的形式存在的，所以要查看其中的资源必须要打开网页。下面以在新浪网中看新闻为例，介绍如何浏览网页。

01 启动IE浏览器

双击桌面上的"Internet Explorer"图标，启动IE浏览器。

02 输入网址

① 将光标定位到地址栏中，输入要访问的网址。

② 单击"转到"按钮➡或按下"Enter"键。

03 选择栏目分类

稍等片刻后，将进入新浪网主页。单击上方分类目录中的"新闻"超链接。

04 选择新闻标题

在打开的网页中找到要浏览的新闻标题链接并单击进入。这里单击"银行卡刷卡手续费今起调整谁将受益"超链接。

05 阅读新闻

在弹出的网页中即可浏览详细的新闻信息。

提 示

超链接是指从一个网页指向一个目标的连接关系。在一个网页中用来作为超链接的对象,可以是一段文本或者是一个图片。文字超链接通常以下画线显示,将鼠标指针指向超链接时,光标会变为小手形。

8.1.2 切换、停止与刷新网页

在浏览网页时,经常需要在当前网页和上一个网页间切换,或者停止打开当前网页、刷新网页等。这些操作都很简单,只需要单击相应的命令按钮即可。下面分别进行介绍。

1. 后退到上一个网页

在一个IE浏览器窗口中访问了不同的网页后,单击"后退"按钮 可返回前一个访问过的网页。

2. 前进到后一个网页

使用"后退"功能后,"前进"按钮 才会处于可用状态。其作用与"后退"按钮相反,单击该按钮可打开后一个网页。

3. 停止打开当前网页

在浏览网页的过程中,可能会因服务器繁忙等原因,长时间无法完全显示网页,或者不小心点击了错误网页,这里可单击"停止"按钮 停止对当前网页的加载,以避免浪费系统资源和时间。

4. 刷新当前网页

网页随时都处于更新状态，如果当前打开的网页太久没有更新或因网络故障网页显示不正常需要重新下载，这时可以单击"刷新"按钮 ↻，浏览器将再次从服务器站点读取当前网页的信息。

8.1.3 收藏与管理常用网页

对于经常访问的网站，可以将其收录到IE浏览器收藏夹中，免去每次访问都要输入网址的麻烦。下面介绍如何把新浪网首页收藏起来。

01 执行添加命令

① 打开要收藏的网页，单击"收藏夹"按钮。
② 在弹出的菜单中单击"添加到收藏夹"按钮。

02 设置收藏项

① 弹出"添加收藏"对话框，在"名称"文本框中为网页重命名或使用默认名称。
② 单击"添加"按钮完成收藏。

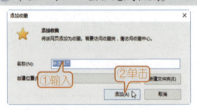

03 访问收藏夹

① 需要再次访问这个网页时，只需单击"收藏夹"按钮，在弹出窗格的"收藏夹"选项卡中即可看到所收藏的网页。
② 单击网页站名便可以迅速访问收藏的网站。

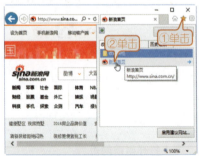

04 删除收藏夹中的网站

① 如果要删除收藏夹中的网页，只需打开收藏夹，用鼠标右键单击要删除的网页名称。

② 在弹出的快捷菜单中单击"删除"命令即可。

8.1.4 保存网页信息

除了浏览网页外，有时还需要将网页中有用的信息保存下来。例如我们找到需要的论文资料，可以将找到的文字信息保存下来；或者在网页中看到一张好看的图片，也可以将其保存到电脑中。

1. 保存网页中的文字信息

保存网页中文字信息的操作十分简单，首先在网页中选中要保存的文字信息，单击鼠标右键，在弹出的快捷菜单中单击"复制"命令，或者按下"Ctrl+C"组合键，将选中的内容复制到系统的剪贴板上，然后打开文档编辑工具，例如写字板或Word程序，按下"Ctrl+V"组合键将文字信息粘贴到文档中，最后进行保存操作即可。

2. 保存网页中的图片

如果在网页中看到喜欢的图片，可以将其保存下来存放到硬盘中。保存网页图片的方法如下。

01 保存图片

① 在需要保存的图片上单击鼠标右键。

② 在弹出的快捷菜单中单击"图片另存为"命令。

02 设置保存参数

① 在弹出的"保存图片"对话框中选择文件保存位置并为图片命名。

② 完成后单击"保存"按钮。

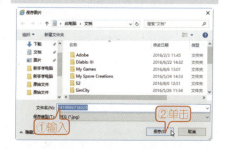

> **提示**
> 在保存图片到电脑硬盘之后,文件的保存路径会自动记忆,下一次从网页中保存图片文件时,路径将自动链接至该位置。

3. 保存完整网页

有的网页图文并茂,如果单独保存文字或图片则体现不出图文并茂的效果,此时可以将整个网页保存下来,操作方法如下。

01 执行另存为操作

① 打开需要保存的网页,按下"Alt"键显示菜单栏,然后单击菜单栏中的"文件"按钮。
② 在弹出的下拉菜单中单击"另存为"命令。

02 设置保存参数

① 在弹出的"保存网页"对话框中,选择文件的保存位置并命名。
② 完成后单击"保存"按钮。

03 查看保存的网页

打开保存网页的文件夹,即可看到刚才保存的网页文件,双击该文件即可打开浏览。

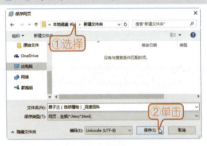
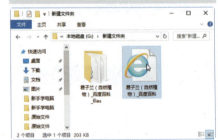

8.1.5 设置默认主页

默认主页是启动IE浏览器后自动打开的网站。系统设置的默认主页为微软的网站,用户可以更改该默认设置,换成自己经常浏览的网页地址。

第8章 畅游Internet

01 单击"Internet选项"命令

① 启动IE浏览器,单击工具栏中的"工具"下拉按钮。
② 在弹出的下拉菜单中单击"Internet选项"命令。

02 设置默认主页

① 弹出"Internet选项"对话框,在"常规"选项卡中的"主页"文本框中输入需要设置为主页的网址。
② 设置完成后单击"确定"按钮。

8.1.6 查看历史记录

用户在使用IE浏览器查看网页的时候,浏览器会自动将访问过的网页保存到"历史记录"中,以方便用户再次访问。如果以后忘记想要浏览的网站地址,可以通过历史记录重新打开网页,具体操作如下。

01 切换选项卡

① 在打开的IE浏览器窗口中,单击工具栏中的"收藏夹"按钮。
② 在弹出的"收藏夹"窗格中切换到"历史记录"选项卡。

02 打开历史网页

① 单击想要查找的浏览日期,在展开的列表中将显示该日期浏览的所有网站。
② 单击符合条件的网站名称。
③ 在展开的列表中单击想要浏览的网页标题即可打开历史网页。

8.2 搜索网络信息

> **知识导读**
> 网络世界中的信息资源浩瀚如海,那么如何才能从这无边的虚拟海洋中找到自己需要的资源呢?本节以百度搜索引擎为例,介绍查找需要的网络资源的方法。

8.2.1 使用关键词搜索网页信息

如果你想要查询某一话题的网站,又不知道网址,可以使用关键词搜索网页信息。使用搜索引擎可以在互联网的万千知识中找到想要的网页。下面以"百度搜索"为例进行介绍。

01 使用关键词搜索

① 启动IE浏览器,打开百度主页(www.baidu.com)。
② 在页面正中的文本框内输入需要查询的信息的关键词,例如输入"养狗"。
③ 单击"百度一下"按钮。

02 选择搜索结果

在打开的网页中列出了与"养狗"有关的网页超链接,单击要查看的网页链接,这里单击"养狗新手注意事项"超链接。在之后打开的网页中就可以看到有关该关键词的详细内容了。

> **提 示**
> 关键词是指能够代表需要搜索的信息的词组或者短句,是信息的主题词。例如要想搜索关于2016里约奥运会的相关信息,可以设置关键词为"里约2016"、"2016里约奥运会"、"里约奥运"等关键词。

8.2.2 查询天气预报

天气预报是日常生活中十分重要的资讯,了解最近几天的天气情况,对于出门旅游和出差的人们是十分有用的。

大多数搜索引擎都提供了天气查询功能,用户只需输入要查询的城市或景区名称,即可轻松查询该地区最近几天的天气情况,具体操作如下。

01 输入关键字

① 打开百度首页,在搜索框中输入要搜索的关键字,如"拉萨天气预报"。
② 单击"百度一下"按钮。

02 查看天气预报

在打开的搜索结果页面中,即可看到拉萨最近几天的天气预报了。

8.2.3 搜索地图信息

在去一个陌生的地方之前,翻一翻地图可以让你的出行更加便利。可是,地图并不是每家的必备之物,如果使用百度的地图搜索功能,一切都会变得简单。使用百度地图的方法如下。

01 单击"地图"链接

打开百度首页,单击页面上方的"地图"链接。

02 输入关键字

① 在打开的百度地图页面的搜索框中输入关键词。
② 单击"搜索"按钮。

03 查看地图

稍后便可搜索出关键词在地图上的具体位置,并用红色或蓝色标志进行标识。

🔊 提 示

默认情况下显示的是地图缩略图，使用鼠标双击地图上的某个位置，即可放大地图，这样可以更详细地查询该地点的具体位置。

8.2.4 搜索公交乘车路线

　　大城市中往往公交线路众多，难免会遇到要去某个地方而不知道坐哪一路公交车的情况，此时只要上网查询一下，就可以知道乘车线路了。百度网的地图搜索页面中同时提供公交线路查询功能，具体搜索方法如下。

01 进入百度地图

启动IE浏览器，进入百度地图搜索页面（ditu.baidu.com），网站会自动打开当前所在城市的地图，单击"路线"按钮。

02 设置起始站点

① 单击"公交"按钮，切换到"公交"选项卡。
② 在第一和第二个文本框中分别输入起点站和终点站的名称。
③ 单击"搜索"按钮。

03 查看搜索结果

页面左侧显示搜索到的公交线路，包括直达线路和转乘线路。若要查看某线路的详细信息，可单击该线路的方框按钮将其展开。

8.2.5 查询列车信息

　　火车是日常生活中非常重要的交通工具。当我们需要乘坐火车外出时，可以先通过铁路客服中心网站查询列车信息，并预订车票，具体操作如下。

01 打开网站

启动IE浏览器,打开中国铁路客服中心官方网站(http://www.12306.cn)。

02 单击查询按钮

在打开的页面中单击"旅客列车时刻表查询"按钮。

03 输入列车信息

① 在打开的窗口中设置出发地、目的地、出发日期等信息。
② 单击"查询"按钮。

04 查看列车信息

在网页下方会列出所查列车信息表。

📶 提 示

在中国铁路客服中心官方网站不仅可以查询列车信息,还可以购买火车票、退票、查询余票等。购票时必须注册用户,还需要下载并安装证书。

8.2.6 查询飞机航班

外出旅游时,可以事先在网上查询飞机航班信息,以免误事,具体操作如下。

01 输入关键词

① 打开百度首页,在搜索框内输入出发地和目的地,中间以空格间隔。
② 单击"百度一下"按钮。

02 设置查询参数

① 在打开的页面中选择出发日期。
② 单击"查询"按钮。

03 查看航班信息

稍后在打开的页面中将提供各航空公司的航班信息。

8.2.7 查询快递物流信息

如果用户通过快递公司寄送物品,可以凭借运单号在快递公司主页或搜索网站上查询该笔运单的物流信息,具体操作方法如下(以百度为例)。

01 输入快递名称

① 打开百度首页,在搜索框中输入"XX快递查询",(如"百世汇通快递查询")。
② 单击"百度一下"按钮。

02 输入物流运单号

① 网页中将显示该快递公司的运单查询程序,在"快递单号"文本框中输入要查询的运单号。
② 单击"查询"按钮。

03 查看物流信息

网页中将显示该笔运单目前的详细物流状况。

8.3 下载网络资源

知识导读

怎样才能将网络中需要的各种资源"据为己有"呢？答案是下载。不管是应用软件、音乐、电影，还是游戏，都可以从互联网上"搬"到自己的硬盘中，下载的乐趣是无穷的。

8.3.1 使用IE浏览器下载

IE浏览器自带有下载功能，下面以下载"迅雷"软件为例，介绍如何使用IE浏览器下载网络资源。

01 打开下载站点

启动IE浏览器，打开迅雷主页（http://dl.xunlei.com/），在"电脑软件"栏找到最新版本的迅雷软件，单击"下载"按钮。

02 执行下载和保存操作

页面下方弹出下载对话框，单击"保存"按钮即可开始下载。

03 完成下载

根据软件的大小下载时间有所不同，下载完成后，可以根据需要单击下载窗口中的按钮进行打开或运行文件、打开文件所在的文件夹等操作。

8.3.2 使用迅雷下载

使用IE浏览器自带的下载功能下载网络资源的速度相对较慢，想要享受更快的下载速度，可使用专用的下载工具，比如迅雷、网际快车等。下面在百度网中搜索游戏的官方网站，并使用迅雷下载网络资源。

01 搜索官方网站

① 启动IE浏览器，进入百度首页，在搜索框中输入搜索游戏名称。
② 单击"百度一下"按钮。
③ 在下方的搜索结果中，单击有"官方"字样的网页链接。

02 进入下载页面

打开官方网站首页，单击"客户端下载"链接。

03 单击下载链接

在打开的下载页面中，单击下载链接，如"战网客户端下载器"按钮。

04 设置保存路径

① 弹出迅雷"新建任务"对话框，在地址栏设置文件保存路径。
② 单击"立即下载"按钮。

05 开始下载

迅雷开始下载文件，并在主界面中显示下载进度、速度等相关信息。

8.4 课堂练习

练习一：保存新浪网页中的文字信息

▶ **任务描述：**

结合本章所学的浏览网页、保存网页中信息等相关知识点，练习在浏览器中打开电子工业出版社主页（http://www.phei.com.cn/），浏览网页相关信息，并根据需要保存网页中的信息。

▶ **操作思路：**

01 启动浏览器，打开出版社主页，单击网页中的超链接，浏览网页相关信息。
02 根据需要保存网页中的文字或图片信息。

练习二：查询北京到广州的列车时刻表

▶ **任务描述：**

本节将练习查询北京到广州当天的列车时刻表，旨在让读者掌握使用搜索引擎查询列车时刻表的方法，方便出行。

▶ **操作思路：** 打开百度主页，进入常用搜索窗口，在出发地和目的地中分别输入北京、广州，打开列车时刻表网页，查看车次信息。

8.5 课后答疑

问：无法复制网页中的文字信息，怎么办？

答：有些网站为了防止别人使用网页中的内容，通过嵌入编程语言等方式屏蔽了复制操作。遇到这种情况时，打开不能复制文字的网页，按下"Alt"键显示菜单栏，单击"文件"按钮，在弹出的下拉菜单中单击"使用Microsoft Office Word编辑"命令，在弹出的"Internet Explorer安全"对话框中单击"允许"按钮，然后将文字粘贴到Word文档即可。

问：如何快速打开网站？

答：输入网址时，每次都需要输入一大串字符，操作起来十分烦琐。其实对于"www"开头及"com"结尾的网址，可以通过"Ctrl+Enter"组合键快速输入。例如在IE浏览器地址栏中输入网站名"baidu"，然后按下"Ctrl+Enter"组合键，IE浏览器就会自动进入网站（www.baidu.com）。

问：如何删除浏览的历史记录？

答：在IE浏览器窗口的工具栏中单击"工具"按钮，在弹出的子菜单中单击"Internet选项"命令。

在弹出的"Internet选项"对话框中单击"浏览历史记录"栏中的"删除"

按钮。然后在弹出的"删除浏览历史记录"对话框中勾选"历史记录"复选框。单击"删除"按钮,开始删除历史记录,删除完成后在返回的对话框中单击"确定"按钮退出即可。

第9章

便捷的网络通信

在快节奏的现代生活中,网络通信变得越来越重要,随着通信技术的不断发展,信息交流变得更加方便和多样化。使用即时聊天工具可以轻松与朋友进行在线交流,电子邮件为我们的生活和工作带来了前所未有的便利。

本章要点:

❖ 使用QQ聊天工具
❖ 收发电子邮件

9.1 使用QQ聊天工具

> **知识导读**
> 腾讯QQ是目前国内最常用的网上聊天软件之一,在QQ中不但可以进行文字聊天,还可以免费进行语音和视频通话,有时比电话还方便。它已经成为人们日常生活中最常用的通信工具之一。

9.1.1 申请QQ号码并登录

安装腾讯QQ后,用户需要申请一个QQ号码,然后登录QQ才能通过网络与好友进行交流。

1. 申请QQ号码

要使用QQ聊天,首先需要拥有一个自己的账户,即QQ号码。QQ号码是一串数字。腾讯提供了多种申请方式,有免费的QQ号码,也有付费的QQ号码。下面介绍如何申请一个免费的QQ号码。

01 启动QQ程序

双击桌面上的"腾讯QQ"图标,运行QQ程序。

02 注册新账号

弹出QQ程序登录界面,单击"注册账号"链接。

03 填写账号信息

① 弹出IE浏览器窗口并自动进入"申请QQ账号"页面。认真填写账户信息。
② 填写手机号码,并获取验证码,然后将收到的验证码填写到"验证码"文本框中。
③ 填写完成后,单击页面底端的"立即注册"按钮。

04 申请成功

完成以上操作后将成功申请QQ号码,将自己的QQ号码记录下来即可。

2. 登录QQ

申请了QQ号码后,就可以使用QQ和朋友聊天了。要使用QQ,首先必须登录QQ账号,方法如下。

双击桌面上的"腾讯QQ"图标,弹出QQ登录界面,然后在"注册账号"文本框中输入QQ号码,在"找回密码"文本框中输入账号密码,单击"登录"按钮。

> **技 巧**
> 在QQ登录界面中单击"我在线上"图标 右侧的下拉按钮,在弹出的下拉菜单中可选择默认登录状态,如"我在线上"、"离开"或"隐身"等。

9.1.2 添加QQ好友

刚申请的QQ号中没有任何好友,如果要与朋友交流,需要先将其添加为好友。添加QQ好友可以通过QQ号码添加和条件查找两种方法。

1. 通过号码添加好友

若知道好友的QQ号码,可通过QQ号码进行查找并添加,等待对方同意后,就可成功将其添加为QQ好友,具体操作如下。

01 单击"查找"按钮

QQ登录成功后,在打开的QQ主界面中单击"查找"按钮。

02 查找账号

① 弹出"查找"对话框,在"关键词"文本框中输入要添加的QQ号码。
② 单击"查找"按钮。
③ 搜索栏下方将显示出搜索结果,在搜索的好友列表框中单击"+好友"按钮。

03 输入验证信息

① 在弹出的"添加好友"对话框的"请输入验证信息"文本框中输入发送给对方的验证信息。
② 单击"下一步"按钮。

04 添加备注信息

① 在"备注姓名"处填写备注姓名,如不填写则默认为对方设置的网名。
② 单击"下一步"按钮。

05 完成好友添加

弹出对话框并显示已成功发送添加请求,单击"完成"按钮完成添加。

提 示

在弹出的"添加好友"对话框中,如果没有合适的分组,可单击"新建分组"按钮,在弹出的"好友分组"对话框中输入要添加的分组名称,然后连续单击"确定"按钮进行确认即可。

2. 通过条件查找好友

如果想在网络上和一个不认识的网友聊天,只需要在添加好友时设置查找的条件范围，等待对方同意自己发送的添加请求后即可添加成功，具体操作如下。

01 设置查找条件

① 登录QQ，单击QQ面板下方的"查找"按钮，并在"找人"选项卡中设置想要查找的好友相关条件。
② 单击"查找"按钮。

02 添加好友

搜索框下方将显示条件搜索结果，将鼠标指针移至需要添加的好友头像上，单击"+好友"按钮。接下来的操作与添加已知好友相同。

9.1.3 与好友进行文字聊天

文字聊天是QQ最基本也是最重要的功能。通过文字消息，不但可以和好友交流，还可以当作常用的通信工具，非常方便。

01 打开聊天窗口

在QQ面板中展开"我的好友"列表，双击要发送消息的好友头像。

02 发送聊天信息

① 弹出聊天窗口，在下方的文本框中输入要发送的消息。
② 输入完成后单击"发送"按钮。

03 显示聊天内容

发送的消息会显示在窗口上方，以便随时查看。发送完成后可关闭窗口或在当前窗口中等待对方回复。

> **技 巧**
> 如果好友在线，则好友头像会以彩色显示；如果不在线或处于隐身状态，则以灰色显示。此外，在输入聊天信息后，也可以使用"Ctrl+Enter"组合键来发送消息。

如果有好友向自己发送消息，系统通知区域的QQ图标就会闪烁。接下来介绍如何查看以及回复信息。

01 接收信息

当收到好友发来的信息时，系统通知区域的QQ图标会变成该好友的头像并不停闪烁，此时单击该图标。

02 查看并回复

① 弹出聊天窗口，在窗口上方显示了收到的消息。如果要回复消息，则在窗口下方的文本框中输入回复内容。
② 单击"发送"按钮即可。

03 继续聊天

回复的消息同样显示在窗口上方，如果双方继续聊天，则会向下滚动显示。

04 查看聊天记录

在聊天窗口中单击"消息记录"按钮，可以查看与该好友的所有聊天记录。

9.1.4 向好友发送图片信息

使用QQ聊天时不但可以发送文字消息,还可以发送图片信息。发送的图片可以是电脑中的图片文件,也可以使用QQ的截图功能截取当前系统操作界面作为图片发送,下面分别讲解。

1. 发送图片文件

在聊天时如果要直接发送电脑中的图片文件给对方,可以执行以下操作。

01 单击功能按钮

打开聊天窗口,单击消息文本框上方的"发送图片"按钮。

02 选择图片

① 在弹出的对话框中定位到图片保存位置并选中要发送的图片文件。
② 单击"打开"按钮。

03 发送图片

选择的图片将插入到聊天窗口的消息编辑框中,单击"发送"按钮即可发送。好友收到消息后,图片信息将同文字信息一样显示在聊天窗口中。

2. 发送截图

QQ提供了屏幕截图功能,通过该功能可以截取当前屏幕上的某一部分图像作为图片进行发送,具体操作方法如下。

01 单击功能按钮

调整好要截取的图像,打开聊天窗口,单击消息文本框上方的"屏幕截图"按钮。

02 截取画面

此时鼠标指针变为彩色,按下鼠标左键并拖动,框选出要截取的图像区域,选取完毕后释放鼠标左键,然后单击"完成"按钮。

03 发送图片

截取的图像自动复制并粘贴到聊天窗口,单击"发送"按钮即可发送。好友收到消息后,图片信息将显示在聊天窗口中。

9.1.5 用QQ给好友传文件

QQ不但是聊天工具,还可以作为文件传输工具。使用QQ传送文件不但速度快,而且支持断点续传。下面介绍将一张图片文件传送给好友的操作方法。

01 单击功能按钮

① 打开与好友的聊天窗口,单击窗口上方的"传送文件"按钮。
② 在弹出的快捷菜单中单击"发送文件/文件夹"命令。

02 选择文件

① 在弹出的"选择文件/文件夹"对话框中找到并选中要传送的文件。
② 单击"发送"按钮。

03 接收文件

此时对方的QQ将接到传送文件请求,如果要接收文件,则单击"接收"或"另存为"链接。

04 设置保存路径

① 在弹出的"另存为"对话框中设置保存路径。
② 单击"保存"按钮。

05 传送完成

程序开始传送文件,传送完毕后显示文件接收成功。用户可根据需要单击"打开文件"或"打开文件夹"链接。

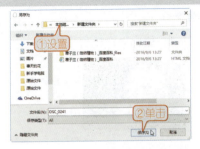

9.1.6 与好友进行语音或视频聊天

使用QQ不但可以进行文字聊天,还可以进行语音和视频聊天。语音聊天就相当于打电话,而视频聊天相当于可视电话。通过语音、视频信息进行"面对面"的交流,可以使聊天更亲切、更直观。

1. 进行语音聊天

要进行语音聊天,电脑需要连接音箱(耳机)和麦克风。有些耳机带有麦克风,只需将麦克风插头与机箱上的麦克风接口相连即可。

连接好耳机和麦克风后,就可以进行语音聊天了,方法为:打开聊天窗口,单击窗口上方的"发起语音通话"按钮,向对方发送语音聊天请求,等待对方接受并连接成功后,即可进行语音聊天了。

> 📶 **技 巧**
>
> 在进行语音聊天的同时也可以进行文字聊天,两者互不影响。

2. 进行视频聊天

视频聊天就是通过摄像头看到对方,同时也可以进行语音通话。进行视频聊天必须要先安装好摄像头。进行视频聊天的具体操作方法如下。

01 发送视频请求

在QQ面板中双击好友头像，弹出聊天窗口，单击窗口上方的"开始视频会话"按钮，向对方发送视频聊天请求。

02 接受请求

此时对方的QQ将接受到视频聊天请求，同意则单击"接听"按钮。

03 开始视频聊天

稍后将显示连接成功，如果双方都有摄像头就彼此可以看到对方了。如果要结束视频聊天，单击"挂断"按钮即可。

9.1.7 加入QQ群进行多人聊天

除了可以加入他人创建的QQ群外，用户还可以自行创建QQ群，然后邀请志同道合的网友加入。创建QQ群的具体操作方法如下。

01 单击"找群"选项卡

① 打开查找联系人对话框，单击"找群"选项卡。
② 在文本框中输入QQ群号码。
③ 单击"查找"按钮。
④ 搜索到QQ群后，单击"+加群"按钮。

02 填写申请信息

① 弹出"添加群"对话框，在文本框中输入请求信息（也可不输入）。
② 单击"下一步"按钮。

03 等待加入

在弹出的对话框中单击"完成"按钮，等待群主批准加入。

04 进入QQ群

① 弹出群主同意加入的信息之后就可以进入QQ群了，在QQ面板上单击"群/讨论组"选项卡。
② 双击QQ群的名称。

05 与群成员聊天

① 弹出聊天窗口，在消息编辑框中输入要发送的信息。
② 单击"发送"按钮。

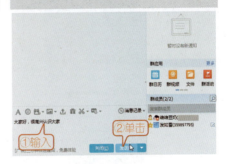

9.2 收发电子邮件

知识导读

电子邮件是目前最有效、最经济的信息交换方式之一，它与现实生活中的邮件不同，无须使用信封和邮票，是一种免费的网络信息传递服务。每一个拥有电子邮箱的用户都可以在网络中通过电子邮箱收发文字信息，以及文档、图片等附带文件。

9.2.1 申请免费电子邮箱

使用电子邮箱收发信息前需要申请一个电子邮箱。下面以申请网易163的免费电子邮箱为例，介绍如何申请免费的电子邮箱。

01 单击注册按钮

启动IE浏览器，进入网易163邮箱首页（http://mail.163.com），在登录界面的"邮箱账号登录"选项卡中单击下方的"去注册"按钮。

02 设置账户信息

① 进入注册网易免费邮箱页面，根据提示填写用户名、密码，以及密码保护等信息。
② 填写手机号码，并在获取验证码后填写到验证码文本框中。
③ 完成后单击"立即注册"按钮。

03 跳过步骤

在打开的页面中单击跳过这一步直接进入邮箱链接，如果有需要也可以根据提示注册手机邮箱。

04 注册成功

接下来在打开的页面中将提示注册成功，单击进入邮箱按钮即可。

完成邮箱的申请后，在邮箱主页输入账号及密码信息，并设置好邮箱类型，然后单击"登录"按钮即可登录电子邮箱。

技 巧

如果忘记登录密码，可以单击"忘记密码"链接，根据提示找回密码。

9.2.2 撰写和发送邮件

要给对方发邮件，首先要知道对方的邮箱地址，你可以通过QQ或电话询问好友的电子邮箱地址。下面试着给亲友发送一封邮件。

01 单击"写信"按钮
进入网易163免费邮箱主页，登录邮箱后单击左侧的"写信"按钮。

02 编写邮件
① 进入邮件编写页面，在"收件人"处输入对方的邮箱地址。
② 在"主题"处输入邮件标题。
③ 在正文区域输入邮件内容。
④ 编写完成后单击"发送"按钮。

03 发送成功
稍后即可看到邮件发送成功的信息。

提 示
网易邮箱默认的页面为蓝色，如果对这种外观颜色不满意，可在页面上方"我的应用"链接右侧单击需要的颜色按钮，即可快速更改邮箱的外观颜色。

9.2.3 查看和回复新邮件

登录电子邮箱后，若发现有新邮件，应该及时查看，并根据需要进行回复。

收到新邮件后，在邮件列表中将以黑色粗体显示，单击邮件主题链接，即可查看该邮件，具体操作如下。

01 进入收件箱

登录邮箱,如果收到新邮件,就会看到提示,单击"收件箱"按钮。

02 打开新邮件

右侧的邮件列表中将显示邮件主题、发信人和发信时间等信息,单击要阅读的邮件主题打开邮件。

03 阅读邮件

打开邮件后即可进行阅读。阅读后若要回复该邮件,则单击上方的"回复"按钮。

04 回复邮件

① 此时系统已经自动填写好收信地址和邮件主题,用户只需在下方编写好邮件内容。
② 编写完成后单击"发送"按钮即可回复邮件。

9.2.4 添加和下载附件

电子邮件不仅可以传递文字信息,还能以附件的形式传递图片、音频、视频、电子文档等文件。

1. 添加附件

在撰写电子邮件时,将要发送的文件添加为邮件的附件,就能随同电子邮件发送到目的地。添加附件的方法如下。

01 添加附件

进入邮件撰写页面,单击"添加附件"按钮。

02 选择文件

① 在弹出的对话框中选中要作为附件的文件。
② 单击"打开"按钮。

03 发送邮件

添加的附件将显示在附件列表中。如果要添加多个附件文件,可以再次单击"添加附件"按钮。添加好附件后单击"发送"按钮即可发送邮件及其附件。

2. 接收附件

作为收到附件的一方,可以在阅读电子邮件时,将附件下载到电脑中,方法如下。

01 单击"查看附件"链接

登录邮箱后,打开新邮件。如果邮件中有附件,则会在"附件"栏显示。单击"查看附件"链接。

02 下载附件

跳转至附件栏,将鼠标指针移至图片,在弹出的对话框中单击"下载"按钮可下载附件,如不需要下载可单击"打开"或"在线预览",本例选择下载。

03 保存附件

网页下方将弹出"下载"对话框,单击"保存"按钮可以将文件下载到电脑中。

9.2.5 删除邮件

邮件多了以后,需要查看邮件时就很不方便,并且邮箱的空间是有限的,如果空间满了就无法接收新邮件,所以应将不需要的邮件删除。删除邮件的方法有以下两种。

1. 阅读后删除

如果阅读完一封邮件后觉得这封邮件没有必要再保存,可以直接将其删除,只需单击邮件内容上方的"删除"按钮即可。

2. 在邮件列表中删除

如果需要一次性删除多封邮件,可以在邮件列表中依次勾选要删除的邮件,然后单击列表上方或下方的"删除"按钮即可。

9.2.6 管理"回收站"

被删除的邮件会暂时存放到"已删除"文件夹中,该文件夹相当于操作系统的"回收站",我们可以从"已删除"中恢复近期删除的邮件,也可以通过清空该文件夹的方法彻底删除邮件。

1. 恢复被误删的邮件

"已删除"文件夹最多保留最近7天内被删除的邮件,如果需要恢复近期删除的邮件,可以执行以下操作。

01 单击"已删除"链接

① 登录邮箱后,在左侧邮件夹列表中单击"其他2个文件夹"命令。
② 在弹出的列表中单击"已删除"按钮。

02 移动邮件

① 勾选需要恢复的邮件。
② 单击"移动到"按钮。
③ 在弹出的菜单中选择"收件箱"选项。

2. 彻底删除邮件

如果要彻底删除邮件并腾出邮箱空间,需要从"已删除"文件夹中再次删除被删除的邮件,或使用"清空"操作,一次性删除"已删除"文件夹中的所有邮件。

01 进入"已删除"文件夹

① 进入"已删除"文件夹,勾选需要删除的邮件。
② 单击"彻底删除"按钮。

02 单击"确定"按钮

弹出提示对话框,单击"确定"按钮即可。

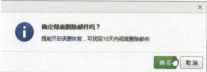

9.3 课堂练习

练习一:查找并添加同龄好友

▶ **任务描述:**

本节将练习通过条件查找并添加同龄好友,以便在网友间找到更多共同话题,丰富业余生活。

▶ **操作思路:**

01 启动QQ,查找并添加与自己年龄相仿的QQ好友。
02 与好友进行文字聊天。

练习二:给朋友写信,并通过附件发送多张照片

▶ **任务描述:**

本节将练习在电子邮件中发送多个附件,通过此练习可以熟悉添加附件的方法,让好友可以通过邮件随时知道你的近况。

▶ **操作思路:**

01 登录邮箱,给朋友写信。
02 通过附件添加几张生活近照。
03 发送邮件。

9.4 课后答疑

问:如果不小心忘记了QQ密码,如何才能将QQ找回呢?

答:如果用户在申请QQ号码后设置了密码保护("密保"),可以通过密保进行找回。QQ密保分为两种,分别是密保问题和密保手机。如果为账号设置了密保,在丢失密码后可以登录QQ安全中心(http://aq.qq.com/cn/index),在"找回密码"页面输入要找回密码的QQ号,接着在打开的页面中选择"通过验证密保直接找回密码",然后在弹出的对话框中选择密保方式,接着输入对应的信息。确保密保信息正确后单击"确定"按钮,然后在打开的页面中重新设置QQ密码即可。

如果丢失了密码且没有设置密保,可以通过申诉的方法找回,操作流程为:用户通过QQ安全中心向腾讯服务中心提交个人账号的历史使用记录,腾讯服务中心对账号信息进行审核(一般7天以内完成),审核成功后腾讯会提示用户对QQ密码进行更改。

问:我想更改一下我的QQ昵称,应该如何操作呢?

答:QQ用户的个人资料是可以随意更改的,包括昵称、头像,以及个人

信息等，要修改个人信息，只需在QQ面板中单击最上方的用户头像，在弹出的"编辑资料"对话框中即可对自己的QQ用户资料进行修改。

问：同一封电子邮件可以同时发给多个人吗？
答：可以的，大多数邮箱都支持邮件群发功能，只需在编写邮件时，在收件人处输入要同时发送的多个邮箱地址，并用英文标点的分号";"分隔开即可。

第10章

网上论坛与博客

论坛和博客是网络时代的风向标,论坛可以用来与天南地北的朋友共同讨论感兴趣的话题,而博客则可以将自己的观点和心里话说出来与大家分享。本章主要介绍论坛和博客的相关操作方法与使用技巧,使读者可以更好地和网友一起交流。

本章要点:
- 天涯论坛
- 百度贴吧
- 网上写博客
- 使用微博

第10章 网上论坛与博客

10.1 天涯论坛

> **知识导读**
> 论坛又叫BBS，它好比一块电子公告板，Internet用户可以在上面发布信息或提出看法。用户可以阅读他人关于某个主题的最新看法，同时也可以将自己的意见毫无保留地发表到论坛中。

10.1.1 注册天涯论坛

  网上的论坛种类繁多，有综合型的，也有分门别类的。用户可以通过这些论坛获得各种需要的信息，也可以在论坛中发表自己的见解。下面以天涯论坛为例进行介绍。

01 执行"注册"操作
① 启动IE浏览器，进入天涯论坛的首页（www.tianya.cn）。
② 单击"免费注册"按钮。

02 填写注册信息
① 在接下来的页面中填写用户注册信息。
② 单击"获取验证码"按钮。

03 输入校验码
① 输入手机收到的验证码。
② 单击"立即注册"按钮。

04 跳过步骤
在接下来打开的页面中可以根据提示填写个人信息，也可以选择跳过，本例选择单击"跳过"链接。

05 完成注册

此时即可完成天涯社区账户注册,页面将自动跳转至个人信息页面。

注册为天涯社区用户后,打开天涯社区首页,输入用户名和密码,单击"登录"按钮即可。

10.1.2 浏览并回复帖子

在论坛中,我们把用户发表的文章叫作帖子,一个完整的帖子由标题、正文和回复组成,回复帖子又叫"跟帖"。在天涯论坛注册后,就可以浏览其他用户发表的帖子并回复了,具体方法如下。

01 进入论坛页面

登录后将首先进入个人信息页面,要浏览论坛,可单击页面上方的"论坛"链接。

02 选择论坛板块

① 进入天涯论坛页面,在分类目录中找到自己感兴趣的话题并进入,如单击"旅游休闲"链接。
② 此时可以看到页面中列出了所有的帖子,单击自己想要浏览的帖子标题进入即可。

03 发表回复

① 在打开的页面中即可浏览帖子正文,并在正文下方显示其他用户的回复。浏览完帖子后,如果要对该帖子进行评论或参与讨论,则在页面底端的文本框中输入要回复的文字。
② 单击"回复"按钮即可。

> 🔊 **提示**
> 如果是新注册用户，在回复帖子时会要求输入验证码，在弹出的文本框中输入对应字符才能回复成功。

10.1.3 发布新帖

论坛中除可以阅读并回复他人的帖子外，还可以将自己的观点或文章以新帖的形式发表出来。在天涯社区发布帖子的具体操作方法如下。

01 选择论坛板块

进入天涯论坛页面，在左侧的分类目录中找到自己感兴趣的话题进入，例如，单击"阳光海南"链接。

02 单击"发表帖子"按钮

进入论坛后，单击帖子列表上方的"发帖"按钮。

03 编写帖子

① 进入新帖编写页面，在"标题"框中输入帖子标题，在下方的文本框中输入帖子正文。
② 设置好帖子类型、是否原创等信息。
③ 完成后单击"发表"按钮即可。

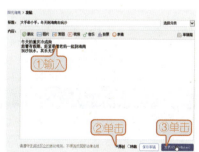

10.2 百度贴吧

> **知识导读**
> 百度贴吧是结合搜索引擎建立的一个在线交流平台，让那些对同一个话题感兴趣的人们聚集在一起，方便地展开交流，实现互相帮助。

10.2.1 申请百度账号

百度贴吧允许匿名浏览，但如果要在贴吧中发表帖子，则需要先申请一个百度账号。申请百度账号的具体操作方法如下。

01 打开百度首页

打开百度首页,单击页面右上角的"登录"链接。

02 单击"注册"按钮

打开登录百度账号页面,单击"立即注册"链接。

03 填写注册信息

① 打开注册页面,填写账号、手机号码、手机收到的验证码、密码。
② 单击"注册"按钮。

04 注册成功

提示注册成功,数秒后将会返回到注册前的页面。

05 返回百度首页

返回百度首页,注册的账号已经自动登录。

10.2.2 浏览并回帖

百度贴吧是网络中分类最全的论坛之一，其中的所有贴吧都是由用户自己创建的，每一个词语都可以创建一个贴吧。下面以进入贴吧浏览帖子并回帖为例，介绍在百度贴吧中浏览并回帖的方法。

01 进入贴吧

登录百度贴吧（http://tieba.baidu.com），在搜索框中输入贴吧名称后单击"进入贴吧"按钮，或在下方的"贴吧分类"栏中单击自己感兴趣的贴吧链接。

02 单击帖子链接

进入所选贴吧，单击感兴趣的帖子链接。

03 浏览帖子并回复

① 在打开的网页中，可查看帖子的详细内容，在底部的"发表回复"栏的"内容"文本框中输入回复内容。
② 单击"发表"按钮。

04 查看回复内容

发表成功后，在最后一页即可查看自己回复的内容。

10.2.3 发布新帖

在百度贴吧中不仅可以查看别人发表的帖子，还可以发表自己的帖子，让志同道合的网友一起参与讨论，在百度贴吧中发布新帖的具体操作方法如下。

01 搜索贴吧

① 登录百度贴吧,在搜索框中输入贴吧名称。
② 单击"百度一下"按钮或在弹出的搜索列表中单击要进入的贴吧选项。

02 输入标题和内容

① 进入贴吧主题列表页面,拖动滚动条到页面下方,输入要发表的新帖的标题和内容。
② 单击"发表"按钮。

03 发表成功

发表成功后,即可在帖子中查看网友回复。

10.3 网上写博客

知识导读

"博客"的英文名为Blog,意思是"网络日志"。博客就好像一个网络日记本,我们可以将自己的生活故事、生活照片、喜欢的音乐等发布到自己的博客中。每个博客都是一个独立的个人空间,用户可以管理自己的博客,也可以访问他人的博客。

10.3.1 注册博客用户

随着博客的流行,网络上出现了很多博客网站和提供博客空间的综合性网站,新浪博客是全国人气最高的博客之一。要使用新浪博客,首先需要开通,新浪博客的网址为http://blog.sina.com.cn。开通新浪博客的具体操作如下。

01 注册博客账号

① 启动IE浏览器，进入新浪博客首页（blog.sina.com.cn）。
② 单击"立即注册"链接。

02 填写注册信息

① 可使用手机注册或邮箱注册，此处以"邮箱注册"为例。单击"邮箱注册"选项卡，切换到邮箱注册页面。
② 填写邮箱、密码等注册信息。
③ 完成后单击"立即注册"按钮。

03 验证手机号码

① 在"短信验证"对话框中填写手机号码。
② 单击"使用该手机发送短信"按钮。发送完成后单击"已发送"按钮。

04 进入邮箱

在打开的页面中单击"立即登录***邮箱"按钮。

05 单击链接

在打开的邮箱中单击系统发送的链接完成注册。

06 开通新浪博客

在打开的页面中单击"立即开通新浪博客"链接。

07 成功开通

① 为博客设置名称，并根据提示拖动验证码。

② 单击"完成开通"按钮即可成功注册新浪博客。

10.3.2 登录博客和访问他人博客

新浪网拥有众多的博客用户，其中还有不少明星、名人的博客，在欣赏他们的博客之前都需要登录自己的博客账号，下面介绍如何登录博客和访问他人博客。

1. 通过博客首页登录

用户可以通过新浪博客首页登录到自己的博客，方法如下。

01 账户登录

① 进入新浪博客首页，在对应的文本框中输入刚注册的邮箱名及密码。

② 单击"登录"按钮。

02 进入博客

登录成功后，单击头像图片即可进入博客。

2. 通过个性域名登录

在昵称下面有一个链接，该链接是博客的个性域名，通过这个个性域名也能登录。

01 进入博客	02 账户登录
① 启动IE浏览器，通过博客个性域名地址打开自己的博客。 ② 单击页面右上方的"登录"按钮。	① 在登录页面中输入自己的登录名及密码。 ② 单击"登录"按钮即可。

3. 访问他人博客

登录自己的博客后，用户就可以访问他人的博客，浏览其他用户发表的博文，具体方法如下。

01 打开博客排行网页	02 进入博客
打开新浪博客首页，单击"博客总排行"链接。	打开博客排行网页，选择需要查看的博客。

03 打开博客目录	
进入博客，单击"博文目录"链接。	

04 选择博文
在打开的博客目录中,选择要阅读的博文。

05 阅读博文
在打开的网页中即可阅读具体内容。

10.3.3 撰写博文

博客的主要功能就是发表文章,博客文章简称博文,博文的内容可以是日记、见闻、感悟或作品。在新浪博客中发表文章的方法如下。

01 单击"发博文"按钮
登录自己的博客,单击页面右侧的"发博文"按钮。

02 撰写博文
① 进入博文撰写页面,输入博文标题。
② 输入博文正文。

03 发表博文
输入完毕后在下方选择博文分类,单击页面底端的"发博文"按钮。

04 发表成功

网页将提示博文已发表,单击"确定"按钮即可返回博客。

10.3.4 上传照片

博客中通常都提供了相册功能,为了让自己的博客增加一些新鲜活力,可以将自己的近照或其他图片上传到博客相册中供网友浏览,在博客中上传照片的方法如下。

01 进入相册页面

① 单击头像下方的"图片"链接。
② 在打开的页面中单击"上传图片"按钮或右侧的"发照片"按钮。

02 上传照片

进入上传图片页面,单击"选择照片"链接。

03 选择照片

① 弹出"打开"对话框,选中要上传的相片文件。
② 单击"打开"按钮。

04 开始上传
返回博客相册页面，单击"开始上传"按钮。

05 上传完成
待上传完成后，可单击"添加描述和标签"链接对照片进行描述，或单击"返回你的相册"链接返回相册首页查看上传的照片。

> **技 巧**
> 如果想要更改博客头像，只需要在主页中单击头像图片，在打开的页面中根据提示进行头像的添加即可。

10.3.5 更改博客模板风格

模板风格是指博客中装饰图片、颜色搭配和板块布局等多种元素的组合，不同的模板风格会让博客拥有不同的效果。如果对默认的模板风格不满意，或是想尝试一下其他风格效果，可以通过以下操作实现。

01 设置页面
登录自己的博客空间，单击页面右侧的"页面设置"按钮。

02 选择模板样式
① 在"风格设置"选项卡中选择风格类别，如"人文"。
② 单击选择模板，如"忆江南"。

03 保存设置

设置好模板风格后单击页面右上方的"保存"按钮。

04 返回主页

自动返回博客主页,就可以看到模板已经被修改。

> **提 示**
>
> 通过"风格设置"选项卡直接应用页面模板是美化博客的一个快捷途径。用户也可以切换到其他选项卡自定义页面风格、版式和组件。

10.4 使用微博

> **知识导读**
>
> 除博客、论坛外,微博也是在网上发表心情、进行网友互动的平台。相对于博客和论坛,可能一些用户对微博的概念和使用方法还比较陌生,本节将进行详细讲解。

10.4.1 注册微博

微博是微博客(MicroBlog)的简称,是一个基于用户关系的信息分享、传播平台,用户可以通过Web、WAP以及各种客户端组建个人社区,以简短的文字更新信息,并实现即时分享。下面就以新浪微博为例,介绍注册微博的操作方法。

01 单击"立即注册"链接

打开新浪微博首页(http://weibo.com/),单击"立即注册"链接。

02 单击"邮箱注册"链接

在打开的注册页面中单击"邮箱注册"链接。

03 填写注册信息

① 填写邮箱地址、密码和验证码。
② 单击"立即注册"按钮。

04 填写手机号码

① 在弹出的短信验证对话框中输入手机号码。
② 单击"下一步"按钮。

05 发送短信

根据确认对话框中的提示发送短信，发送成功后会弹出提示信息。

06 设置个人信息

① 在打开的注册页面中设置好所在地、性别、出生年月等个人信息。
② 单击"下一步"按钮。

07 进入微博

① 在打开的页面中选择感兴趣的话题。
② 单击"进入微博"按钮，即可进入微博。

10.4.2 发表微博

微博通常用来记录博主的心情和经历过的事情,通常只有简短的几句话。下面以新浪微博为例,介绍在微博中发表文章的方法。

01 输入文字

① 登录微博,在导航栏下方的文本框中输入想要发表的文字信息。
② 如果觉得文字太单调,可单击文本框下方的"表情"链接。

02 添加表情

在弹出的对话框中选择需要插入的表情。

03 发布微博

在文本框中将显示插入的表情,单击"发布"按钮发布博文即可。

技巧

如果在博文中需要插入图片,可以单击文本框下方的"图片"链接;若需要插入视频,可以单击文本框下方的"视频"链接;若需要插入音乐,可以单击文本框下方的"音乐"链接。

10.4.3 搜索并添加关注对象

通过添加关注,可以及时查看好友的博文,在微博中添加关注对象的具体操作如下。

01 搜索用户

① 登录新浪微博,在导航栏右侧的搜索框中输入需要关注的好友的昵称。
② 单击"搜索"按钮。

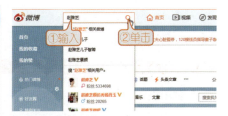

02 添加用户

在打开的页面中会显示搜索到的用户。单击要添加关注的用户右侧的"+关注"按钮。

03 设置分组并保存

① 在弹出的分组菜单中勾选好友分组。
② 单击"保存"按钮完成添加。

提示

如果用户只是想随意添加一些关注,可以在"找人"页面中根据自己的喜好选择用户类型,如娱乐明星、体育明星等,在右侧会显示活跃的用户,添加关注即可。

10.4.5 评论和转载他人微博

如果你看到精彩的微博后想评论和转载,操作也非常简单,这里以新浪微博为例进行讲解,具体操作方法如下。

01 单击"转发"链接

在需要转载的微博下方单击"转发"链接,弹出转载窗口。

02 评论与转发微博

① 在文本框中输入转载评论。
② 单击"转发"按钮。

10.5 课堂练习

练习一:上天涯论坛浏览帖子

▶ **任务描述:**

结合本章所学论坛的相关知识,练习注册论坛、浏览帖子、回复帖子等操作,并在自己感兴趣的板块中发表新帖。

▶ **操作思路:**

01 进入天涯论坛,注册新账号。
02 选择自己感兴趣的板块浏览帖子,并对该内容发表自己的看法。
03 在论坛中发表新帖,网友回复之后及时查看,并回应网友的观点。

练习二:关注一位明星的微博

▶ **任务描述:**

　　结合本章所学微博的开通、关注、评论、转发等相关知识,练习开通自己的腾讯微博,并关注一位自己喜欢的明星,评论和转发他的微博。

▶ **操作思路:**

01 开通腾讯微博,并关注自己喜欢的一位明星。
02 评论并转发该明星比较有意思的一条或多条微博。

10.6 课后答疑

问:如何在要发表的论坛帖子中插入图片?

答:在天涯社区发表和回复帖子时,可以在其中插入图片,但必须为网络图片,插入方法为:找到需要插入的图片网络地址并复制,接着在发表页面的正文框下方将图片网络地址复制到"插入图片"文本框中,然后再发表即可。

问:忘记了天涯论坛登录密码怎么办?

答:如果忘记了天涯论坛的登录密码,可以通过注册时填写的邮箱将它找回来,具体方法为:打开天涯论坛首页,输入用户名,然后直接单击"登录"按钮,在打开的页面中,单击"忘记密码"链接,再根据页面提示输入注册邮箱地址,并到该邮箱中收取系统发送的用于找回密码的邮件即可。

问:如何与博友进行互动交流?

答:默认情况下,登录新浪博客后,在页面左侧可看到一个"评论"栏,该栏中显示了网友的最新留言,单击其中的某个评论链接,即可在打开的页面中查看博友评论的详细内容。若要对评论进行回复,方法是单击评论内容上方的"回复"链接,此时评论内容下方将显示"回复"栏,在文本框中输入对于此条评论的回复内容,然后单击"回复"按钮即可。

第11章

网上休闲与娱乐

电脑不仅可以用来工作,更多的人首次接触电脑是从上网娱乐开始的,如玩网络游戏、听歌、看电影等,网络世界内容丰富多彩,本章将带领读者体验网络世界的魅力。

本章要点:
- 玩转QQ游戏
- 网上影音娱乐

11.1 玩转QQ游戏

知识导读

网上玩游戏已成为众多用户休闲娱乐的方式之一。QQ游戏是一款十分受欢迎的休闲游戏平台，它囊括了众多休闲、益智和竞技类游戏，用户可以和各地的网民在线博弈。本节将以QQ游戏为例介绍上网玩游戏的方法。

11.1.1 安装并登录QQ游戏

第一次进入QQ游戏之前，需要先下载并安装QQ游戏，具体操作方法如下。

01 启动QQ游戏

在QQ面板中单击"QQ游戏"按钮，如果安装了"QQ游戏"，则会自动登录QQ，如果没有安装QQ游戏，则会自动运行安装程序。

02 单击"安装"按钮

弹出"在线安装"对话框，单击"安装"按钮。

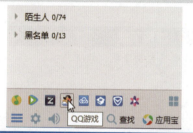

03 下载并安装游戏

安装程序自动下载，下载完成后弹出安装程序，单击"立即安装"按钮开始安装。

04 完成安装

① 根据提示完成安装，安装完成后勾选不需要的复选框。
② 单击"立即体验"按钮。

05 登录QQ游戏

① 弹出登录对话框，在文本框中分别输入账号和密码。
② 单击"马上登录"按钮即可。

06 进入游戏大厅

进入游戏大厅后，就可以开始你的游戏之旅了。

11.1.2 与牌友"斗地主"

　　QQ游戏集合了多款游戏，如斗地主、升级、连连看等，用户可根据自己的喜好进行选择，第一次玩某款游戏时需要下载并安装该游戏。在QQ游戏中斗地主的具体操作方法如下。

01 查找游戏

① 登录QQ游戏，单击"游戏库"按钮。
② 单击"棋牌麻将"链接。
③ 在游戏列表中找到"斗地主"游戏，单击"添加游戏"按钮。

02 等待下载

游戏将自动下载，请等待。

> **提 示**
> 在窗口上方的搜索文本框中输入游戏名称，然后单击"搜索"按钮，可以快速搜索到想找的游戏。

03 单击"斗地主"图标

第二次进入时可以发现"斗地主"游戏将添加至"我的游戏"中,单击游戏图标即可进入游戏。

04 进入房间

在游戏列表中将展开游戏房间,双击某一房间名进入即可。

05 寻找座位

进入游戏房间后,可看到房间中有许多张游戏桌,每桌可"坐"3个玩家,找到一个空位单击"坐"下。

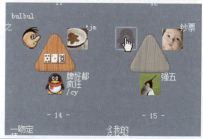

06 开始游戏

弹出游戏窗口并运行游戏,单击窗口下方的"开始"按钮准备游戏。

07 选择地主

待玩家准备完毕,系统开始发牌,并随机获取地主资格。若自己获取了地主资格,可以选择游戏分数或单击"不叫"按钮拒绝当地主。

08 开始出牌

① 游戏过程中,单击要出的牌将其抽出。
② 单击"出牌"按钮或单击鼠标右键即可出牌。出牌顺序为逆时针方向,并限制每轮出牌时间。

09 游戏结束

一局游戏结束后,会弹出小窗口显示本局得分情况,若还要继续游戏,则单击"开始"按钮准备游戏;若要退出游戏,只需关闭游戏窗口即可。

11.1.3 QQ麻将

麻将是我们日常生活中常见的娱乐活动,每个地方打麻将的规则各不相同,而QQ游戏中也将麻将分为多个类型。虽然规则不同,但游戏方法却是一样的。下面以四川麻将为例,介绍在QQ游戏中玩麻将的方法。

01 单击游戏图标

启动QQ游戏大厅,安装"四川麻将",进入游戏。

02 进入房间

在游戏列表中展开房间列表,选择一个房间并双击进入。

03 寻找座位

房间中有许多张游戏桌,每桌可"坐"4个玩家,找到一个空位,单击"坐"下。

04 开始游戏

弹出游戏窗口并运行游戏,单击窗口下方的"开始"按钮准备游戏。

> **提示**
> 单击游戏桌上方的"快速加入游戏"按钮,系统会自动分配玩家到即将坐满的游戏桌,并快速开始游戏。

05 开始出牌

待"坐满"4位玩家并准备完毕后,系统开始发牌,并开始游戏。到自己出牌时,单击要出的牌即可。

06 进行游戏

可以胡牌或碰牌的时候,系统都会进行提示,单击相应的按钮即可。

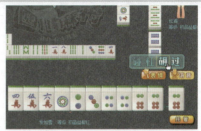

07 结束游戏

三方胡牌后游戏结束,游戏会弹出小窗口显示得分情况,如果继续游戏,则单击"开始"按钮,如果想退出游戏,关闭游戏窗口即可。

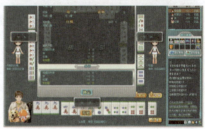

11.1.4 设置同桌玩家

　　QQ游戏是一个大众化的游戏平台,在线同时玩的用户有很多,如果用户希望和某一类玩家一起玩,可以提前设置。设置不同断线率大于50%的玩家同桌一起玩游戏,操作方法如下。

01 单击"更多功能"按钮

① 进入某个游戏房间,单击该游戏工具栏中的"更多功能"下拉按钮。
② 在弹出的下拉列表中单击"房间设置"命令。

02 设置密码

① 弹出"房间设置"对话框,勾选"不同断线率大于*%的玩家游戏"复选框。
② 在文本框中输入"50"。
③ 单击"确定"按钮即可。

11.2 网上影音娱乐

> **知识导读**
> 如今,听歌、看电影、听广播这些现实生活中的主要娱乐方式都可以在网络中——实现,而且内容更加丰富多彩。下面我们就一起来体验网络影音盛宴吧。

11.2.1 在线听音乐

网络中的内容丰富多彩、应有尽有,仅仅音乐资源就可以满足众多音乐爱好者的需求,只要能上网,就能很快欣赏到想听的音乐,下面介绍如何在百度搜索中寻找经典老歌。

01 搜索歌曲

① 打开百度音乐首页(http://music.baidu.com/),在搜索框中输入想要听的音乐名称。
② 单击"百度一下"按钮。

02 单击"播放"按钮

搜索出的音乐以列表形式显示在网页中,单击音乐名后的"播放"按钮收听音乐。

03 开始收听

在打开的页面中,等待文件缓冲后就可以收听了。

11.2.2 使用腾讯视频收看电视节目

腾讯视频是腾讯QQ提供的网络服务之一，使用腾讯视频既可以观看直播节目，还可以在线播放电影、电视剧、动漫以及综艺节目，不仅内容丰富，而且操作简单，因此备受用户青睐。

要使用腾讯视频观看节目，首先要下载并安装腾讯视频，单击QQ面板中的"腾讯视频"按钮 ，然后在弹出的安装向导对话框中根据提示进行安装即可。

安装好腾讯视频后，单击QQ面板中的"腾讯视频"按钮，即可启动腾讯视频。下面以观看电视直播节目为例，使用腾讯视频的具体操作如下。

01 启动腾讯视频

① 启动腾讯视频，在"视频库"界面左侧选择其他选项。
② 在打开的列表中单击"直播"选项。

02 单击电视节目

① 打开的节目列表中切换到"电视直播"选项卡。
② 单击想要观看的电视节目即可。

11.2.3 在线观看电影

在线看电影是常见的网上娱乐方式之一，非常方便。下面以优酷网为例，介绍在线看电影的方法。

01 启动腾讯视频

① 启动IE浏览器，进入"优酷"首页（http://www.youku.com/）。
② 在主页的导航栏中单击"电影"链接。

02 选择分类

选择想要收看的电影类型，如"用户好评"。

03 选择电影

电影以评分为标准被筛选，单击想要观看的电影。

04 观看电影

等待缓冲成功后即可在线观看电影，在观看过程中可以使用提供的按钮进行暂停、快进、关闭等操作。

11.3 课堂练习

练习一：在线玩象棋游戏

▶ **任务描述：**

　　结合本章所学使用QQ游戏大厅玩游戏的相关知识，练习在QQ游戏大厅中下载QQ象棋，并在线玩象棋游戏。

▶ **操作思路：**

01 在QQ游戏大厅中下载并安装象棋游戏。
02 与QQ好友一起玩象棋。

练习二：进入"优酷网"搜索并欣赏电影

▶ **任务描述：**

　　结合本章所学的网络影音等相关知识，练习在优酷网中搜索并欣赏自己喜欢的电影。

▶ **操作思路：** 打开优酷主页（http://www.youku.com/），搜索自己喜欢的电影，选择需要播放的电影缓冲后播放。

11.4 课后答疑

问：我可以邀请认识的QQ好友一起玩游戏吗？

答：可以。在QQ面板中使用鼠标右键单击要邀请的QQ好友的头像，在弹出的快捷菜单中单击"一起玩游戏"命令，在弹出的子菜单中选择要玩的游戏。然后会自动弹出与对方的聊天窗口并自动发送邀请，待对方接受邀请后，会启动QQ游戏大厅，并提示"进入游戏房间并坐下"。最后按照前文所学的方法进入QQ游戏就可以和QQ好友一起玩游戏了。

问：在线看电影播放不流畅该怎么办？

答：在网上看电影时，经常会因为网速原因造成延迟，此时可暂停等待缓冲后再观看，通过该功能可以保证影片更加流畅地播放。

遇到延迟时，单击"暂停"按钮暂时停止播放视频，此时在播放进度条中可看到缓冲的进度，等待缓冲下载完成或下载部分后再进行播放即可。

问：怎样更改腾讯视频的播放模式？

答：默认情况下，腾讯视频将以窗口模式进行播放，此时我们可以将鼠标指针指向播放窗口的四周，当鼠标指针变为双向箭头时拖动，即可更改窗口大小。此外，还可以通过更改播放模式来调整窗口大小。

除默认模式外，腾讯视频还提供了全屏和迷你两种播放模式，用户可通过下面的方法更改播放模式。

❖ 方法一：单击腾讯视频窗口左上角的"菜单"按钮，在弹出的下拉菜单中单击"显示"命令，在展开的子菜单中单击需要的播放模式即可。

❖ 方法二：在播放过程中，将鼠标指针指向标题栏和播放内容中间的空白处，在显示的工具栏中单击相应的按钮，可选择以全屏模式、普通模式、精简模式、1倍显示或2倍显示等方式显示播放窗口。

❖ 方法三：单击窗口标题栏右侧的"菜单"下拉按钮，在弹出的下拉菜单中单击"显示"命令，在展开的子菜单中单击需要的播放模式即可。

❖ 方法四：使用鼠标右键单击正在播放的节目窗口，在弹出的快捷菜单中选择需要的播放模式即可。

第12章
享网络便捷生活

网络不仅带给人们娱乐休闲的生活，还为日常生活带来了许多便利。利用网络不仅可以足不出户在网上查看银行账户、缴纳电话费、水电气费，还可以购买商品、车票等。下面带大家享受网络带来的便利吧。

本章要点：
- 使用网上银行
- 使用网上营业厅
- 淘宝购物

12.1 使用网上银行

> **知识导读**
> 也许你早就听过网上银行的便捷，只要开通了网上银行，用户足不出户就可以轻松实现查询、转账、信贷和投资理财等业务。下面将介绍网上银行的相关操作。

12.1.1 安全登录网上银行

下面以中国工商银行为例，介绍开通网上银行服务的具体步骤。

1. 营业厅办理

开通网上银行需要到银行的营业厅进行办理。用户需要携带银行卡及有效证件到银行营业厅，根据工作人员的提示填写相关表格即可开通。如果还没有银行账户，则需要先申请开户。

2. 登录网上银行

开通了网上银行之后，就可以登录网上银行了。下面以查询账户余额为例，介绍登录网上银行并查询余额的方法，具体的操作方法如下。

01 单击"个人网上银行"按钮

启动IE浏览器，打开中国工商银行网站（http://www.icbc.com.cn/），单击"个人网上银行"按钮。

02 安装安全控件

第一次使用时会弹出安装安全控件的提示框，单击"安装"按钮将自动下载并安装安全控件。

03 单击"登录"链接

安装完成后，在页面的上方单击"登录"链接。

04 填写账号信息

① 在弹出的"登录"对话框中输入账号、密码及验证码。
② 单击"登录"按钮。

05 单击"余额查询"链接

① 登录成功后,依次选择"全部"→"银行卡账户"选项。
② 在弹出的菜单中单击"余额查询"链接。

06 查看账户余额

在打开的页面中即可显示账户的余额信息。

3. 使用安全工具

为了确保网上支付的安全性,中国工商银行推出了网上银行安全工具——电子密码器。工行用户必须使用其中一种安全工具,才能通过网上银行完成资金的对外支付业务。

工行的电子密码器是工行继U盾、口令卡之后推出的新型安全工具,具有内置电源和密码生成芯片、外带显示屏和数字键盘的硬件介质,无须安装任何程序即可在电子银行等多渠道使用。

如果要使用工商银行的密码器,需要持有效身份证件和电子银行注册卡(账户)到银行网点柜台办理,然后根据客户单据中提供"工行网银电子密码器证书激活码",打开密码器,密码器提示输入"激活码"。激活后,密码器提示设置开机密码,连续输入两次即可设置成功。

12.1.2 查询账户明细

登录网上银行后不仅可以查询银行卡余额,还可以查询注册到网上银行的所有本人账户(含下挂账户)及托管账户(含下挂账户)的基本信息。下面以在中国工商银行网上银行中查询某个账户的明细信息为例,具体操作如下。

01 单击"明细查询"按钮

① 登录中国工商银行的网上银行,依次选择"全部"→"银行卡账户"选项。
② 在弹出的菜单中单击"明细查询"链接。

02 设置查询条件

① 在打开页面的"明细查询"栏中设置好要查询的币种和起止日期等信息。
② 单击"查询"按钮。

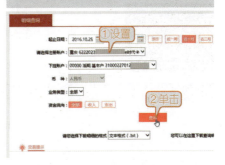

03 显示明细信息

在下方即可看到该账户的明细信息。

12.1.3 网上转账

如果要给朋友汇款,可以通过网上银行转账,而不必跑去银行柜台,非常方便,下面介绍具体的操作方法。

01 单击"境内汇款"链接

① 登录中国工商银行的网上银行,依次选择"全部"→"汇款"选项。
② 在弹出的菜单中单击"境内汇款"链接。

02 填写账户信息

① 在打开页面中填写收款人姓名、收款人卡号、收款银行、汇款金额、付款卡号等信息。
② 单击"下一步"按钮。

03 获取并输入验证码

① 进入工商银行密码器验证界面,开启密码器电源,输入开机密码,然后输入网站显示的验证号码,按"确认"键得到动态密码,最后在网页中输入动态密码。
② 单击"确认"按钮。

04 转账成功

在打开的页面中将提示转账成功的信息。

12.1.4 为多人转账

如果需要给多人转账,并不需要通过网上转账的方法一个个操作,使用批量转账可以快速地为多人转账,具体操作如下。

01 单击"批量汇款"链接

① 登录中国工商银行的网上银行,依次选择"全部"→"汇款"选项。
② 在弹出的菜单中单击"批量汇款"链接。

02 填写收款人

① 在打开页面中填写收款人姓名、收款人卡号。
② 单击"增加"按钮。使用相同的方法逐个添加多个收款人。

03 设置汇款金额

① 在金额文本框中分别设置每一个收款人的汇款金额。
② 在下方选择银行付款的账户。
③ 单击"提交"按钮。

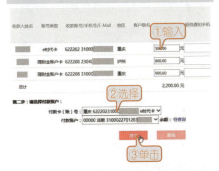

04 获取并输入动态密码

① 使用网上转账中介绍的方法获得动态密码并输入。
② 输入验证码。
③ 单击"确定"按钮。

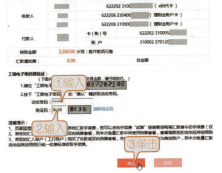

05 转账成功

在打开的页面中将提示转账成功的信息。

12.2 使用网上营业厅

> **知识导读**
> 网上营业厅是通过Internet向用户办理业务的一种业务受理方式。只要开通了网上银行,就可以通过网上营业厅办理业务,可以避免在营业大厅排着长长的队伍等待办理的麻烦,方便快捷。

12.2.1 登录网上营业厅

要使用网上营业厅办理业务,首先需要登录网上营业厅。下面以中国移动网上营业厅为例,具体操作方法如下。

01 进入中国移动主页
① 启动IE浏览器,进入中国移动通信集团公司主页(http://10086.cn),将鼠标移动到"登录"链接。
② 单击"登录网上营业厅"选项。

02 登录网上营业厅
① 在文本框中分别输入登录的手机号码、服务密码和验证码。
② 单击"登录"按钮。

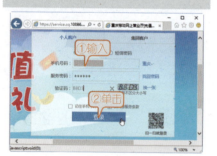

12.2.2 查询手机话费信息

登录网上营业厅后,就可以办理查询当月话费、查询账单,以及开通业务等操作。

1. 查询通话详单

在移动网上营业厅查询当月通话详单的操作方法如下。

01 单击"消费明细"链接
登录网上营业厅,依次单击"我的移动"→"消费明细"链接。

第12章 享网络便捷生活　205

02 填写动态验证码

① 手机将收到二次验证信息，在文本框中输入动态验证码。
② 单击"确定"按钮。

03 设置查询

① 设置查询方式、查询时段和订单类型。
② 单击"查询"按钮。

04 查询详单

稍等片刻即可在页面中查询到通话详单。

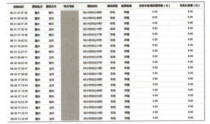

2. 查询话费余额

在移动网上营业厅还可以查询手机余额，具体操作方法如下。

01 单击"余额查询"链接

登录网上营业厅，单击"信息"→"余额查询"链接。

02 查看余额信息

在打开的"账户余额查询"页面中即可看到当前最新的余额信息。

12.2.3 退订增值业务

如果你开通了某项增值业务，但现在想取消，也可以通过移动网上营业厅操作，具体方法如下。

01 单击"已开业务"链接

登录网上营业厅,单击"我的移动"→"已开业务"链接。

02 选择退订业务

① 在打开的页面切换到"增值业务"选项卡。
② 在需要退订的增值业务右侧单击"退订"按钮。

03 退订成功

提示增值业务退订成功。

12.2.4 为手机充值

如果开通了网上银行,就可以在移动网上营业厅通过网上银行为手机充值,具体操作方法如下。

01 单击"网上交费"链接

登录网上营业厅,单击"充话费"→"话费充值"链接。

02 选择充值金额

① 在打开的页面已默认填写登录的手机号码,选择充值金额。
② 单击"开始充值"按钮。

📡 技 巧

中国移动网上营业厅只提供了30元、50元、100元、200元等充值金额选项,如果要充其他金额,可以在下方的文本框中输入具体金额。

03 选择支付平台

在打开的界面中,默认为平台支付,用户可以选择下方的平台完成支付,也可以选择通过网上银行支付。

04 选择支付银行

① 本例选择银行支付,切换到"银行支付"选项卡。
② 选择支付银行。
③ 单击"确认支付"按钮。

05 填写银行卡信息

① 网页自动跳转至银行支付页面,在左侧确认订单信息后输入银行卡卡号和验证码。
② 单击"下一步"按钮。

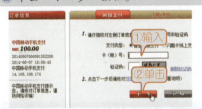

06 确认预留信息

在打开的"预留信息验证"页面中单击"全额付款"按钮。

07 填写支付信息

① 在打开的"确认支付信息"页面中输入口令卡密码、网银登录密码及验证码等信息。
② 单击"提交"按钮,即可成功充值。

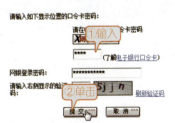

12.2.5 网上办理上网套餐

如果需要使用手机上网,那么办理上网套餐是最实惠的方法。在移动网上营业厅办理上网套餐的方法如下。

01 单击"4G流量套餐"链接

登录网上营业厅,单击"业务"→"4G流量套餐"链接。

02 选择所需套餐

① 在打开的"4G流量套餐"页面中选择所需套餐。
② 单击"办理业务"按钮即可成功办理上网套餐。

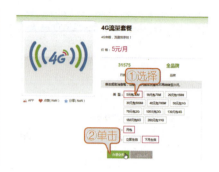

12.3 网上购物

知识导读

随着电子商务的不断发展,网上购物渐渐被网民们所接受,且逐渐成为时尚生活的一种潮流。网上购物打破了传统的购物模式,用户足不出户就可以购买到自己满意的商品。下面就以淘宝为例,介绍在淘宝网上购物的具体操作。

12.3.1 注册淘宝会员

淘宝网是国内领先的个人交易网上平台之一,要在淘宝网购物或开店,首先必须注册成为淘宝网会员,具体操作方法如下。

01 单击"注册"链接

① 启动IE刘浏览器,打开淘宝网主页(http://www.taobao.com)。
② 单击右侧的"注册"按钮。

02 同意注册协议

在打开的页面中弹出"注册协议"窗口,阅读后单击"同意协议"按钮。

03 填写手机号码

① 在注册页面填写手机号码,并拖动验证条。
② 单击"下一步"按钮。

04 输入验证码

① 手机上将收到一条免费的校验码短信,在"验证码"文本框中输入验证码。
② 单击"确认"按钮。

05 设置密码和登录名

① 在"登录密码"和"密码确认"文本框中输入密码。
② 在"登录名"文本框中设置登录名。
③ 单击"提交"按钮。

06 绑定银行卡

① 在打开的页面中输入银行卡卡号、持卡人姓名、证件、手机号码等信息。
② 单击"同意协议并确定"按钮。如果不需要绑定银行卡,可单击"跳过,到下一步"链接。

07 注册成功

验证成功后,即可显示成功注册淘宝会员的提示信息了。

12.3.2 为支付宝充值

在申请淘宝账号时,已经默认开通了支付宝账户。刚开通的支付宝中是没有钱的,需要用户为其充值,为支付宝充值主要有以下3种方法。

- ❖ **网上银行充值**:选择和支付宝公司合作的银行中的任意一家银行办理银行卡,并开通该卡的网上支付功能,即可通过网上电子银行为支付宝进行充值。
- ❖ **话费卡充值**:支付宝支持全国神州行卡、联通一卡充、全国电信卡充值,购买话费卡在充值页面选择话费卡选项,在打开的页面中输入话费卡卡号进行充值。
- ❖ **充值码充值**:可以携带现金或银行卡,去带有"支付宝支付网点"标志的营业网点或"拉卡拉"营业网点购买充值码为支付宝充值。

为支付宝充值最常用的方法是通过网上银行充值,下面以交通银行网上银行为例,介绍为支付宝充值的具体操作步骤。

01 单击"登录"按钮
打开IE浏览器,进入支付宝主页(https://www.alipay.com/),然后单击"登录"按钮。

02 登录支付宝
① 在打开的"登录支付宝"窗口中输入账号和密码。
② 单击"登录"按钮。

03 单击"充值"按钮
在打开的支付宝个人界面中单击"充值"按钮。

04 选择支付银行

① 在打开的页面中,在"网上银行"栏选择要支付的银行,本例选择"交通银行"。
② 单击"下一步"按钮。

05 输入充值金额

① 在"充值金额"文本框中输入需要充值的金额。
② 单击"登录到网上银行充值"按钮。

06 提交银行卡账号

① 进入银行客户订单支付页面,勾选"本人已仔细核对商户订单信息无误,确定付款"复选框。
② 输入银行卡卡号或支付卡号。
③ 单击"下一步"按钮。

07 输入密码

① 输入交易密码。
② 输入手机收到的动态密码。
③ 单击"确定"按钮。

08 支付成功

在打开的页面中即可查看到订单支付成功的信息,单击"返回商城"按钮,或者等待自动跳转。

09 充值成功

返回支付宝充值页面即可查看到充值成功的提示信息。

10 充值成功

支付成功后,页面将显示该次交易已操作成功的信息提示,单击"关闭窗口"链接即可。

12.3.3 搜索要购买的宝贝

　　网上商城之大,商品之多,不锁定目标去搜索,肯定会迷失方向,被商品巨潮所淹没,所以网上购物首先就要学会如何寻找中意的商品。在众多商品中找到需要的东西无疑就像寻宝一样,所以网友形象地称呼满意的商品为"宝贝",在淘宝网中寻找宝贝的方法很多,较为常用的方法主要有以下两种。

❖ **通过站内搜索引擎寻找**:在"搜索"文本框中输入商品名称,单击"搜索"按钮,在弹出的页面中会显示搜索到的商品,单击想了解的图片即可进入该商品页面。

❖ **通过分类链接寻找**:进入淘宝网首页,拖动滚动条将页面拉到中部,可以看到淘宝网列出的所有宝贝类目,即可从需要的商品的大类着手,寻找自己喜爱的宝贝。

12.3.4 购买宝贝的具体方法

　　在淘宝网中经过再三挑选终于选中了自己喜欢的宝贝,接下来就可以拍下该宝贝并付款了。购买宝贝的具体操作方法如下。

01 选择商品

① 登录淘宝网,在要购买的宝贝页面中,选择商品颜色或型号等相关信息。

② 单击"立刻购买"按钮。

02 填写收货地址

① 第一次购买时，会提示填写收货地址，按照提示填写即可。
② 填写完成后单击"确定"按钮。该地址会作为你的默认地址。

03 确认购买信息

① 在数量栏选择购买数量。
② 选择运送方式。

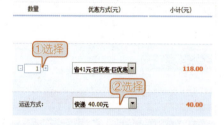

04 提交订单

确认无误后，单击"提交订单"按钮。

05 输入支付宝密码

① 在弹出的支付窗口中输入支付宝密码。
② 单击"确认付款"按钮。

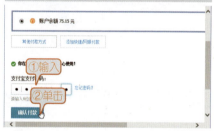

06 付款成功

在打开的页面中可以看到提示用户付款成功的信息。

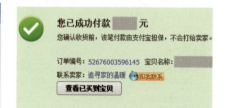

提示

如果支付宝中的余额不足以支付所购买的商品，也可以在支付页面中使用网上银行付款。

买家使用支付宝成功付款后，就可以等待卖家发货了，在此过程中可以通过查看"已买到的宝贝"追踪货物物流情况。而货款只有买家确认收到货物后，支付宝才会将货款真正转给卖家。淘宝买家确认收货并付款的步骤如下。

01 查看已买宝贝

① 登录淘宝，在淘宝首页中将鼠标指针指向"我的淘宝"链接。
② 在弹出的下拉菜单中单击"已买到的宝贝"链接。

02 确认收货

在打开的页面中，找到已经到货，需要付款的宝贝，然后单击"确认收货"按钮。

03 再次输入支付密码

① 在打开的页面中再次输入支付宝账户的支付密码。
② 单击"确定"按钮。

04 单击"确定"按钮

在弹出的提示对话框中，单击"确认"按钮后交易就全部完成了。

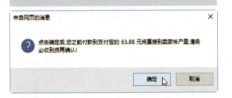

05 提交银行卡账号

在打开的页面中可以看到提示交易成功的信息。

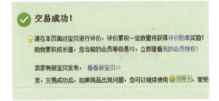

06 单击"继续"按钮

① 在下方的文本框中输入评价内容。
② 在店铺评分中选择评分星级。
③ 单击"发表评论"按钮即可。

12.4 课堂练习

练习一：使用网上银行给手机充值

▶ **任务描述：**

结合本章所学开通网上银行、使用网上银行等相关知识，练习使用网上银行给手机充值。

▶ **操作思路：**

01 选择离家较近的银行，办理一张银行卡并开通网上银行。
02 登录个人网上银行，为自己或家人的手机充值。
03 充值后请查询银行卡余额，了解银行卡扣费详细信息。

练习二：充值支付宝并购买自己需要的商品

▶ **任务描述：**

结合本章所学在网上购买商品的相关知识，练习在淘宝网上购买自己需要的商品，选购商品时注意多比较。

▶ **操作思路：**

01 注册淘宝网会员，激活支付宝账户。
02 搜索宝贝，挑选自己认为适合的宝贝购买，付款后及时追踪宝贝动态。
03 收到宝贝后确认收货，核对实物后给予卖家中肯的评价。

12.5 课后答疑

问：要购买某件商品前，怎么先向店家了解商品情况？

答：与在实体店购物一样，在淘宝网店中看中某件宝贝后，通常不会马上购买，而要先向店主了解一些该宝贝的详细信息，以及讨价还价等。淘宝网专门为淘宝用户量身定制了一款聊天工具——阿里旺旺，使用该软件，淘宝网的买家和卖家便可进行交流了。买卖双方在使用阿里旺旺进行交流前，需要到官方网站（http://www.taobao.com/wangwang/）下载程序，然后运行安装程序进行安装后即可使用。

问：如果买家购买货物后没有收到货物或收到的货物有质量问题，可以申请退款吗？

答：买家购买货物后没有收到货物或收到的货物有质量问题，是可以申请退款的，申请退款的方法如下。

登录淘宝网，打开"我的淘宝"页面，在"我是买家"栏中单击"已买到的宝贝"链接，然后在打开页面的宝贝列表中，单击"退款"链接，再在打开的页面中根据实际情况选择是否收到宝贝,并填写退款原因和输入支付账户的密码,填写完毕后,确认无误即可单击"立即申请退款"按钮。在打开的页面中,可以查看退款协议等待卖家确认的提示信息,如果卖家已经确认退款,即可在右侧打开的页面中,查看到退款成功的详细信息。

问:网上购物时,遇到购物纠纷怎么办?

答:如果与卖家产生纠纷,可以要求网站客服介入处理。以淘宝网为例,若已付款却未收到货物,或是收到的商品与描述严重不符,卖家又拒绝退换商品,可以在交易成立3天后马上向淘宝提交投诉。在"我的淘宝"页面中单击"已买到的宝贝"链接,在打开的页面中单击订单对应的"投诉"链接,然后根据提示输入投诉理由。

第13章
系统维护与电脑安全

使用电脑时，还要经常对电脑进行维护，并且养成良好的使用习惯。此外，电脑病毒很猖獗，很多用户在上网时都会无意中感染电脑病毒，感染电脑病毒会导致文件被破坏，使电脑运行异常。所以，在学习使用电脑时，电脑的安全与保护知识必不可少。

本章要点：

❖ 电脑日常维护
❖ 使用金山毒霸查杀电脑病毒
❖ 使用360安全卫士保护电脑

13.1 电脑日常维护

知识导读

电脑的使用寿命和使用者的使用习惯息息相关，只有养成良好的使用习惯，并做好电脑的日常维护工作，才能减少电脑故障的发生频率，延长电脑的使用寿命。

13.1.1 查看系统资源的使用情况

在Windows操作系统中每个程序以进程的形式在后台运行，如果用户要查看系统资源的使用情况，可以执行以下操作。

按下"Ctrl+Alt+Del"组合键，然后在打开的界面中单击"任务管理器"选项，启用任务管理器，切换到"进程"选项卡，在列表框中可以看到当前运行的一些进程，如果要查看所有正在运行的进程，可以选择"显示所有用户的进程"。在列表框中会显示当前运行的所有进程，如果要查看某个进程的详细信息，可以使用鼠标右键单击该进程，在弹出的快捷菜单中单击"属性"命令，在弹出的"属性"对话框中将显示有关该进程的各种信息。

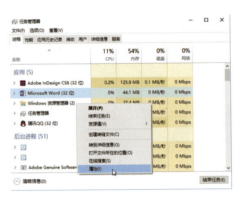

提 示

通过查看进程的详细信息，可以识别该进程是否为恶意程序或病毒程序等。

13.1.2 关闭未响应程序

当某个程序无响应时，可以通过"应用程序"选项卡来关闭该程序，有时会出现无法关闭的情况，此时可以通过结束进程的方式来关闭，操作如下。启动任务管理器，在"进程"选项卡的列表框中使用鼠标单击要关闭的应用程序，单击下方的"结束任务"按钮即可。

13.1.3 管理自启动程序

开机启动项如果过多的话，会直接导致我们电脑的启动速度越来越慢，如果启动的是不常用的软件，我们在使用电脑过程中还会出现卡顿现象，为了避免该类情况的出现，可以重新设置电脑自启动程序，操作方法如下。

按下"Ctrl+Alt+Del"组合键，然后在打开的界面中单击"任务管理器"选项，启用任务管理器，切换到"启动"选项卡，在不需要开机启动的软件上单击鼠标左键，然后单击"禁用"按钮即可。

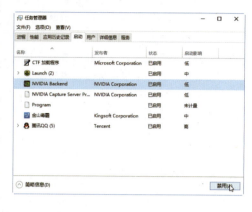

📡 提 示

若"启动"选项卡内含有不认识的启动程序，不建议将其禁止，有些为系统启动项，禁止启动后系统有可能无法使用。

13.2 使用金山毒霸查杀电脑病毒

知识导读

相信许多电脑初学者都听说过"电脑病毒"这个词，但对它并不了解，只有当电脑发生各种各样的异常"症状"之后，才发现病毒已入侵了电脑。面对可怕的电脑病毒，我们应该怎样防范？电脑感染病毒以后，又应该怎样解决呢？下面就一起来学习。

13.2.1 认识电脑病毒

随着电脑和互联网的普及，电脑病毒也成为了所有电脑用户的隐形杀手，给很多用户和企业造成了巨大的损失。因此，了解病毒的防范知识，对每个电脑用户来说都是必要的。

1. 什么是电脑病毒

电脑病毒是指能够通过自身复制传染而引起电脑故障、破坏电脑数据的一种程序。简单地讲，电脑病毒就是一种人为编制的电脑程序，一般是编制者为了达到某种特定的目的而编制的一种具有破坏电脑信息系统、毁坏数据的电脑程序代码。

电脑一旦感染了病毒,就会出现很多"症状",导致系统性能下降,影响用户的正常工作,甚至造成灾难性的破坏。系统感染病毒之后,如果能够及时判断并查杀病毒就可以最大限度地减少损失。

如果电脑出现了以下几种"不良反应",很可能就是被病毒感染了。

- ❖ 电脑经常死机。
- ❖ 文件打不开或者打开文件时有错误提示。
- ❖ 经常报告内存不够或者虚拟内存不足。
- ❖ 系统中突然出现大量来历不明的文件。
- ❖ 数据无故丢失。
- ❖ 键盘或鼠标无端被锁死。
- ❖ 系统运行速度变得很慢。

2. 防范电脑病毒的常识

目前互联网上的病毒、木马肆虐,所以防范病毒的入侵就显得非常重要。防范病毒要从使用电脑的一些细节做起,下面介绍几点防范病毒的常识。

- ❖ 尽量避免在无杀毒软件的电脑上使用U盘等移动存储介质。
- ❖ 在电脑中安装杀毒软件并经常升级。
- ❖ 重要资料必须备份。这样即使病毒破坏了重要文件,也可以及时恢复。
- ❖ 使用新软件时,先用杀毒软件检查,这样可以有效减少中毒几率。
- ❖ 不要浏览不良网站。
- ❖ 不要在互联网上随意下载软件,因为不明软件可能携带病毒。
- ❖ 不随便打开不明邮件及附件。建议先将附件保存到本地磁盘,用杀毒软件扫描确认无病毒之后再打开。

13.2.2 安装金山毒霸

金山毒霸是国内比较出名的一款杀毒软件,用户可以通过购买软件光盘或从互联网下载免费的安装程序进行安装。下面介绍如何下载及安装金山毒霸。

01 单击下载链接

进入金山毒霸官方网站(http://www.duba.net),单击"立即下载"按钮。

02 单击"运行"按钮	03 开始下载
在下方弹出的窗口中单击"运行"按钮。	程序开始下载,请稍等片刻,等待时间与网速有关。

04 开始安装	
下载完成后电脑会自动运行安装程序,单击"开始安装"按钮,待安装完成后系统将自动启动金山毒霸程序。	

13.2.3 全面杀毒

如果怀疑电脑已中病毒,可通过金山毒霸的"全盘查杀"功能对电脑中的所有文件进行检查,并清除病毒,具体操作方法如下。

01 打开程序主界面	02 选择杀毒方式
单击通知区域中的"金山毒霸"图标,打开程序主界面。	① 在程序主界面下方单击"病毒查杀"选项。 ② 单击"全盘查杀"按钮。

03 开始查毒	04 处理病毒
程序开始进行扫描，并将信息显示在"扫描状态"栏中。	扫描完毕后显示扫描结果，如果有病毒或木马，则单击"立即处理"按钮进行处理。

13.3 使用360安全卫士保护电脑

> **知识导读**
> 木马主要被黑客用于窃取密码、偷窥重要信息、控制系统操作以及进行文件操作等。木马之所以能够轻易盗取用户的隐私信息，其主要原因就是因为其狡猾的伪装手段以及悄无声息的启动方式。

13.3.1 下载与安装360安全卫士

360安全卫士是一款安全类上网辅助软件，它拥有查杀恶意软件、插件管理、木马查杀、诊断及修复等功能，同时还提供弹出插件免疫、清理使用痕迹以及系统还原等特定辅助功能。

要使用360安全卫士，首先要进行安装，用户可以到360安全卫士的官方网站进行软件的下载。

01 单击"下载"按钮	02 单击"运行"按钮
启动IE浏览器，进入360安全卫士官网主页（http://www.360.cn/），单击"免费下载"按钮。	网页下方弹出下载对话框，单击"运行"按钮。

03 开始安装

程序下载完成后将自动运行安装程序，单击"立即安装"按钮。

04 单击"立即体验"按钮

安装完成后电脑会自动启动360安全卫士，单击"立即体检"按钮可对电脑进行体检。

05 完成体检

稍等片刻即可完成体检，体检分值越高，电脑就越安全。如果提示有安全漏洞，可以单击"一键修复"按钮进行修复。

13.3.2 查杀流行木马

随着网络知识的普及以及网络用户安全意识的提高，木马的入侵手段也发生了许多变化，当电脑中木马后，一般都会有一些异常表现。

- ❖ 网络连接异常活跃：在用户没有使用网络资源时，发现网卡灯不停闪烁。一般来说，如果用户没有使用网络资源，网卡灯是比较缓慢地闪烁，如果闪烁频率过快，可能是因为软件在用户不知情的情况下连接网络。在通常情况下，这些软件就是木马程序。
- ❖ 硬盘读写不正常：硬盘读写不正常是指用户在没有读写硬盘的情况下，硬盘灯却显示为硬盘正在读写，也就是说硬盘灯不停地闪烁，此时很可能是有人通过木马在复制用户计算机中的文件。
- ❖ 聊天工具异常登录提醒：这类情况是指在用户登录聊天工具时，例如QQ，系统会提示用户上一次登录的地点。如果用户上一次并没有在该地点登录，那么一定是QQ账户和密码已经泄露，此时计算机中很可能被植入了木马程序。
- ❖ 网络游戏登录不正常：登录网络游戏时发现装备丢失或与上一次下线的位置不一样，甚至使用正确的账号和密码却无法登录。如果用户没有向他人透露相关信息，则可能是计算机中存在木马程序导致账号被盗取。

只靠对电脑进行相关设置来预防木马是不够的，还应定期对电脑进行木马查杀。使用360安全卫士进行木马查杀的具体操作方法如下。

01 选择扫描方式

① 启动360安全卫士，切换到"木马查杀"选项卡。
② 选择一种扫描方式，如单击"快速扫描"按钮。

02 开始扫描

开始扫描电脑中是否存在木马。

03 处理木马

扫描完成后显示扫描结果，如果有木马被查出则单击"立即处理"按钮。

04 重启电脑

处理完成后，在弹出的对话框中选择重启方式即可完成木马查杀。

13.3.3 清理恶意插件

恶意软件是商业软件，它不属于病毒，但有一定的恶意行为。符合以下条件之一的都可以称之为恶意软件。

- ❖ 采用多种社会和技术手段，强行或者秘密安装，并抵制卸载。
- ❖ 强行弹出广告，或者其他干扰用户并占用系统资源的行为。
- ❖ 强行修改用户软件设置，如浏览器主页、软件自动启动选项、安全选项等。
- ❖ 未经用户许可，利用用户疏忽或缺乏相关知识的弱点，秘密收集用户个人信息和隐私。
- ❖ 有侵害用户信息和财产安全的潜在因素或者隐患。

使用360安全卫士不仅可以清除恶意插件，还能扫描电脑中的垃圾文件、上网痕迹等，具体操作方法如下。

01 单击"一键扫描"按钮

① 启动360安全卫士,切换到"电脑清理"选项。
② 单击"一键扫描"按钮。

02 清理恶意插件

扫描完成后,单击"一键清理"按钮即可清理。

13.3.4 修复安全漏洞

操作系统中存在许多漏洞,常常被病毒和黑客所利用,使用360安全卫士可以扫描出这些漏洞并打上安全补丁,使系统更加安全。

01 单击"漏洞修复"按钮

① 启动360安全卫士,切换到"系统修复"选项卡。
② 单击"漏洞修复"按钮。

02 扫描漏洞

360安全卫士将自动扫描系统漏洞,待扫描完成后,按照提示修复即可。

13.4 课堂练习

练习一:为电脑进行全面杀毒

▶ 任务描述:

结合本章所学金山毒霸的相关知识,练习使用金山毒霸对电脑进行全面杀毒。正确使用杀毒软件可以及时排查电脑问题,保护电脑安全。

▶**操作思路：**

01 下载并安装金山毒霸。
02 为电脑进行全面杀毒，完成后及时处理病毒。
03 使用自定义杀毒功能对C盘进行重点查杀。

练习二：使用360安全卫士清除电脑垃圾

▶**任务描述：**

　　结合本章所学360安全卫士的相关知识，练习使用360安全卫士清除电脑系统的垃圾文件，以释放磁盘空间，增加磁盘利用率。

▶**操作思路：**

01 下载并安装360安全卫士。
02 使用360安全卫士的"电脑清理"功能扫描并清除系统垃圾文件，释放磁盘空间。

13.5 课后答疑

　　问：如何判断电脑是否中毒？
　　答：电脑一旦感染病毒，就会出现很多"症状"，例如，电脑启动速度变慢、运行速度明显变慢、电脑中的文件莫名丢失，文件图标被更换、文件的大小和名称被修改等，都可能是电脑中毒造成的。因此，一定要在电脑中安装杀毒软件，并定期查杀电脑病毒，尽量减少病毒对电脑的伤害。

　　问：金山毒霸的"一键云查杀"是什么意思？
　　答：云查杀的意思是将病毒样本放入服务器，通过成千上万的服务器智能检测，自动判断文件是否感染病毒，这也被称为云查杀。因为必须连接网络才能与杀毒软件的服务器相连接，所以使用云查杀必须联网才有效。

　　问：我的IE浏览器主页不知被谁修改了，怎么改也改不回来怎么办？
　　答：这可能是浏览一些网页时被恶意插件强行修改的，此时可以使用金山毒霸的系统修复功能或360安全卫士对IE浏览器进行修复。